JN216375

仕事文具

土橋 正

東洋経済新報社

CONTENTS

まえがき

朝起きてコーヒーを淹れて書斎に向かう。ペンケースからパイロットの「カスタム823」太字万年筆を取り出し、PEAKのルーペで万年筆のペン先具合を確認する。満寿屋の原稿用紙をバサッと取り出し、コーヒーを一口飲んで一息いれてから原稿を書き始める。

書き終わると、原稿用紙をマックスのホチキス「バイモ11」でカチリと綴じる。朝食を済ませて高橋書店のマンスリー手帳とToDoをまとめたATOMAのA7メモ、時計式ToDo管理付せん、そして、キャップレスデシモ（F）とiPod touchを携えてリビングルームのソファに体をあずけてメールをチェックしながら、その日のスケジュールを決めていく。

事務所に着いたら、ノート代わりに愛用している月光荘のスケッチブックを広げて依頼された企画プランを練る――このように私には、この作業をするにはこの文具、といった自分なりのルールがある。

仕事の中心がいくらパソコンになっても、文具は手放せない。私が文具を使うのは懐古趣味ということではなく、その仕事をするのに文具のほうが効率的にできるから。つまり、機能的だからだ。私に限らず読者の皆さんにも、この作業のときには必ずこの文具、というものが1つや2つはあるだろう。

「仕事文具」と題したこの本では、仕事をさまざまなシーンに分け、その場面で便利に使える文具をセレクトして紹介している。最新の文具というのは実はそれほど多くなく、ロングセラーや隠れた逸品系のもののほうがむしろ多い。

それらをすべて使ってほしいということではなく、このシーンではこの文具がしっくりくるのか、ということをまずは頭の片隅に入れておいてほしい。仕事をしていく中で、いざそのシーンがやってきたら、その文具のことを思い出して、そのときは一度使ってみてほしい。その時点になってしっくりとくる文具を探すのは、時間もかかって大変だ。確かこんな選択肢があったっけ、と皆さんの文具知識の引き出しの1つとして役立てていただけたら嬉しく思う。

本書のねらいは、そんなところにあります。では、どうぞ「仕事文具」ワールドをしばしお楽しみください。

土橋 正

01

情報を
インプットする

私たちは日々膨大な情報に囲まれて過ごしている。仕事というものはそうした情報の中から必要なものをインプットし、それを自分の中で編集・再構築してアウトプットしていく。突き詰めるとこういうことなのだと思う。最近では、情報はネットで収集することが多くなっている。しかし、アナログの情報も忘れてはならない。たとえば、本や雑誌、人との会話などリアルな場で入手する情報も重要だ。そんな情報インプットをアシストしてくれるツールをセレクトしてみた。良いインプットツールを使えば、きっと良いスタートが切れるはずだ。

スクラップ作業が快適に

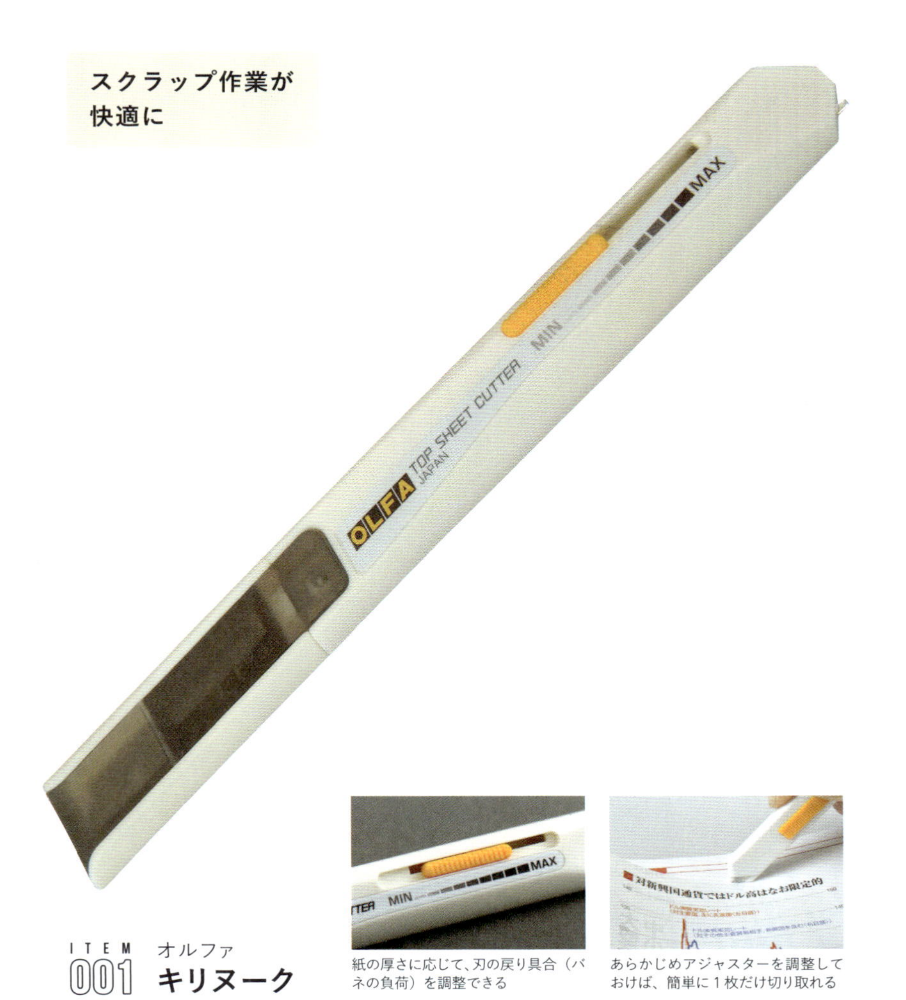

紙の厚さに応じて、刃の戻り具合（バネの負荷）を調整できる

あらかじめアジャスターを調整しておけば、簡単に１枚だけ切り取れる

ITEM 001 オルファ
キリヌーク

インターネット全盛の今も、新聞や雑誌などの紙媒体から新たな情報を得ることは、まだまだ多い。気になる記事だけをキレイに切り取るにはカッターを使うと便利だ。これまでは新聞紙のような薄い紙のときは、力をあまり入れずにそーっと切り、逆に少し紙が厚い雑誌などのときは少々力を入れるなど、力加減を微妙に変えなくてはならなかった。力の入れ方を間違えると、下のページまで切ってしまうなんてことにもなる。この「キリヌーク」は、力は常に同じでも薄い紙、厚い紙も1枚だけ切り取れる。カチッと繰り出すと刃先が少ししか出ない。しかも、本体内部に板バネが仕込まれていて、切るときに力を入れると刃が上に持ち上がるようになっている。その持ち上がり具合の負荷がアジャスターで調整できる。新聞などの薄い紙のときは、バネの負荷を軽めにし、雑誌の表紙などの厚い紙のときは少し重めにする。あとは、誰でも調整いらずに1枚切りができる。［オープン価格、オルファ］

ITEM 002 BookGem,Inc.

ブックジェム

新聞と並んで、本も情報の宝庫だ。「多読」という考え方を広めた本田直之さんの『レバレッジ・リーディング』（東洋経済新報社）では、本は読むだけでなく、気になったところをメモし、日々読んで習慣化することが大切であると説いている。本の中の情報を書き写したりパソコンに入力するのは、実際にやってみるとわかるが、これが結構大変。というのも、本は手で押さえておかないと、すぐに閉じてしまう。手書きにせよ、入力にせよ、本を押さえながらの作業はとてもやりにくい。この書見台「ブックジェム」はコンパクトながら本を立てて、しかも開いた状態でホールドしてくれるので、落ち着いて作業に取り組むことができる。［¥2750、快読ショップ Yomupara］

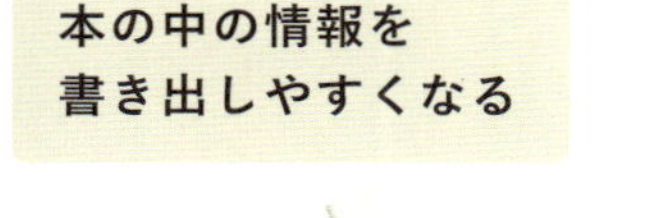

ページストッパーを出して、後ろからスタンドを出す

使わないときはコンパクトになる

もったいない
という気持ちを
消し去れる

粘着面が広いので、ペンケースに入れていてもばらけにくい

小さいけれど、しっかり貼れる

ITEM 003 スリーエム ジャパン

ポスト・イット スリム見出しミニ

情報収集の初期段階では本や雑誌の束を机にドサッと積み上げ、とにかくたくさん付せんを付けることがある。この「ポスト・イット スリム見出しミニ」はとにかく小さい。ポスト・イット製品の中でも最小サイズ。ひと束に100枚あり、ワンパックに10束、つまり1000枚も入っている。気兼ねなく、じゃんじゃんと付せんを貼っていける。小さいがゆえに1つ良いことがある。それは、付せんの面積あたりの粘着面が一般のポスト・イット製品より広いこと。小さいけれど、しっかりと貼れるのだ。[¥240、スリーエム ジャパン]

ITEM 004 スリーエム ジャパン

ポスト・イット ジョーブ 透明スリム見出し

読書中、気になる所にマークする方法はいろいろとある。代表格は、ペンで線を引くというもの。しかし、本を汚したくないという人も中にはいる。そんな方々には、「ポスト・イット ジョーブ 透明スリム見出し」付せんがオススメ。この見出しタイプは、頭はカラフルだが、その下は半透明になっているので、文字を隠すことがない。しかも、6mmとスリム幅になっているので、気になったフレーズの行そのものをマークでき、後で探すときも一発でわかる。収納ケースは名刺ほどの大きさで、それほど分厚くもないので、これをそのまま本のしおりとして使うことも可能だ。[¥450、スリーエム ジャパン]

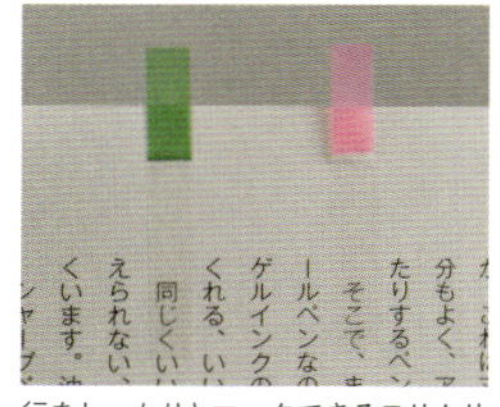

行をしっかりとマークできるスリムサイズ。フィルム製なのでヨレにくい

1枚1枚がティッシュペーパーのように簡単に取り出せるポップアップ式

気になるところをピンポイントでマーキング

早撃ち
ガンマンのように
すぐさま
メモ体勢に

ITEM 005 アシュフォード+pen-info
IDEA piece

私が肌身離さず身につけているコンパクトな手帳が「IDEA Piece」である。「さぁ、メモを取ろう」と思ってから書き出すまでの時間が、自分でも言うのもなんだがかなり速い。最大のポイントは、メモとペンが1つにまとまっている点。そうしておけば、2つのものを別々に取り出さなくてすむので、すぐ書き出せる。「IDEA Piece」は、名刺サイズほどの小さな手帳。その綴じ部分に小さな鉛筆が入っている。この手帳を常にズボンの左後ろのポケットに入れている。メモをしようと思ったら、左手で手帳を取り出し、右手で手帳の下側にヒラリと出ているしおりをつまみ、それを上げて新しいページを開きつつ、そのしおりにつながった鉛筆を握り書き出す。一切の無駄な動きもなく書き始められる。この行動はもはや私の体にすっかり染みついているので、いちいち見なくてもできるようになっている。満員電車の中でも、真っ暗な映画館の中でもメモができる。アイディアの「かけら」(piece)を書きとめるということで、このネーミングにした。[¥2000、シーズンゲーム]

小さいながらも鉛筆がセットされている

名刺ほどのコンパクトさ。使い込むほどになじむ本革製

名刺交換後の
メモをさりげなく

ITEM 006 レイメイ藤井
グロワール メモホルダー付 名刺入（革製）

展示会やパーティなどで初対面の方と名刺交換をして話していると、良い情報を聞くことがある。その場でメモしたいと思いつつ、メモを取り出して書くのも、相手の話の腰を折りそうなのでやりづらい。この名刺入れの内側にはジョッタースタイルのメモホルダーが隠されている。話の腰を折らずに、あくまでも自然にメモができる。［¥1700、レイメイ藤井］

名刺サイズの情報カードがピタリと収まる

すぐに
書き出せる

ITEM 007 TOTONOE
Carry Board カード

必要な情報が目に入ってきたら、すかさずメモに書いておきたい。この「Carry Board カード」は、取り出したら次の瞬間にすぐ書きとめられる、いわゆるジョッターと呼ばれるメモボード。名刺サイズの情報カードをあらかじめ数枚セットしておけば、メモ帳のように表紙を開く必要もない。フラットな綴じ具だけで紙を固定しているので、ポケットにも収めやすく、紙の出し入れも簡単だ。[¥550、コクヨ MVP]

厚みがあるので、しっかり書ける。まるで小さな画板のようだ

裏紙には名刺サイズの情報カードが数枚分収納できる

しおり＋
メモ

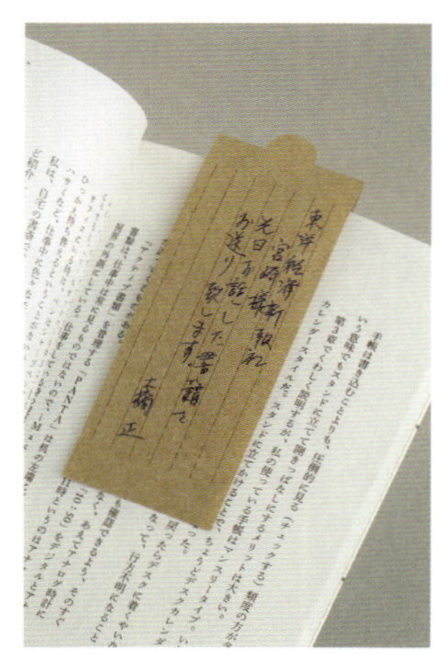
ページに挟むと、チョコンと半円形の部分が顔を出す

ITEM 008 小林断截

dansai works
スリップメモブロック

これは、本を買う際にページに挟んであるスリップの形をしたメモ。普段はしおりとして使い、気になるフレーズが出てきたら、ここに書きとめる。2つ折りタイプなので、4ページ分たっぷりと書き込める。縦線の他に方眼や無地もある。各5色を展開。［¥320 ～ 350、小林断截］

ITEM 009 PageKeeper, Inc.

ページキーパー

ビジネスパーソンにとって、まとまった読書時間を確保するのはなかなか難しい。行き帰りの通勤電車の中であったり、カフェでひと休みするときといった、どうしても細切れの時間になってしまう。これは、そんな細切れ読書を快適にしてくれるオートマチックなしおり。本の裏表紙に本体のクリップで留めて、ワイヤーの先端を読み始めの1ページ目にセットする。あとは、ただただページをめくっていけばいい。ページをめくるごとにワイヤーの先端は新しいページに次々に移動し、押さえてくれる。電車が到着駅に着いたら、しおりのことなど気にせず、パタンと本を閉じられる。しおりから解放される細切れ読書が楽しめる。[¥1000、快読ショップ Yomupara]

ページをめくっても、ワイヤーが常に押さえてくれる

貼り付けるタイプではなくクリップ式なので、本を傷めずにいろんな本に使える

しおりが付いてきてくれる

02

アイディア発想をサポートする

アイディアはビジネスの基礎といえる。カフェでコーヒーを飲んでいたら、不意にアイディアがひらめき、その場にあったコースターの裏面に書きつけ、それがその後の大きなビジネスに発展したという話も聞く。このように、重要なアイディアというものは、いつ何時やって来るかわからない、というやっかいな面がある。そのためには、まずはひらめいたアイディアをしっかりとキャッチすること、そして、まだまだおぼろげで不確かなアイディアを編集して整えて確かな形にしていく。そういうアイディア発想には専用のツールを手にしたほうがよい。メモとペンなら何でもよいというわけではなく、そこにはやはり適材適所というものがある。

風呂の中でも
アイディアを
逃さない

紙の質感があるので、書き心地良い

濡れた紙面でもしっかりと書くことができ、書いた文字が水で流れることもない

ITEM 010 共生社+ハイモジモジ
TAGGED MEMO PAD（Sサイズ）

ITEM 011 三菱鉛筆
パワータンク・スタンダード

アイディアはこちら側の都合というものを全く考えてくれない。仕事中であろうとなかろうとお構いなしだ。たとえば、風呂に入って寛いでいるときなどもそうだ。少しの間だからと、浮かんだアイディアをそのままにしておくと、せっかくのアイディアも風呂から出る頃には、すっかり忘れてしまい、文字どおり水の泡となりかねない。そこで、風呂場でも使えるアイテムを用意しておくと便利だ。まずはメモ。多くのメモは水に弱いものだが、この「TAGGED MEMO PAD」の用紙はクリーニングのタグに使われる耐洗紙。洗濯しても破れないというめっぽう水に強い紙だ。そして、これに書くペンとして合わせたいのが、「パワータンク」というボールペン。一般のボールペンだと水に濡れた紙面に書いたとき、ペン先から水が入り込んですぐに書けなくなってしまう。このパワータンクはリフィルのインクタンクに圧縮空気が詰まっていて、濡れた紙の上でも水を取り込まずに、しっかりと書くことができる、というヘビーデューティな仕様だ。水に強いこうしたメモとペンを風呂の入口のそばに常備しておけば、いざというときに役立つはず。そもそも風呂場はリラックスするための空間。1つのアイディアを忘れないようにアタマの片隅に入れたままでは、せっかくのバスタイムもリラックスできない。そういう意味でも、すぐさま書いてアイディアから解放される態勢を取っておくのは重要だ。［メモ：¥490、ハイモジモジ／ペン：¥200、三菱鉛筆］

ITEM
012
ステッドラー
トリプラス ファインライナー・細書きペン（10色セット）

ITEM
013
マルマン
ニーモシネ（A4サイズ、特殊無地）

アイディアがひらめいたとしても、そのまま寝かせていただけでは宝の持ち腐れになりかねない。それをもとにどんどん広がりを持たせていかねばならない。そうしたときによく使うのが「マインドマップ」。今やビジネスパーソンの間でも愛用者が多い。そんなマインドマップに最適なペンが、このトリプラスだ。マインドマップは色を分けてビジュアルに訴えるものを作るのがよいとされている。これは10色セットなので、何通りにも色分けできる（4色セット、6色セット、20色セットもあり）。このペンがマインドマップに最適な理由はそれだけではない。このペンは、キャップを外したままで1～2日間放ったらかしにしておいても、インクが乾くことがないという「ドライセーフ」機能を備えている。何種類も色を使っていると、ついついキャップを閉めることを忘れがちで、いざそのペンを使いたいときに書けないということがある。キャップの開け閉めにわずらわされることなく、アイディア発想そのものに集中することができる。ペン先は0.3mm と極細なので、細かな文字を書くのにも適している。もっと太字で書きたいという人には、1.0mm のマーカータイプもある。さらにはケースがそのままスタンドになるという親切設計。ノートはマインドマップユーザーに人気の「ニーモシネ」。一般的なリングノートだが、良い点は横位置で使える縦開きであること。もともとスケッチブックメーカーのマルマンが書き味にもこだわって作った厚めの筆記用紙で、色をどんどんと塗り重ねてもへたることはない。シンプルなブラックの表紙もビジネス向きだ。［ペン：¥1500、ステッドラー日本／ノート：¥990、マルマン］

全ページ切り離し可能なミシン目入り

**マインドマップに
集中できる
ペンとノート**

ケースのフタを反対側に折り返せばスタンドになる

柔らかい書き味は、
頭も柔軟に
してくれそう

ペン先側だけがしなるので、コントロールしやすい

そのしなりを使えば、筆ペンのような筆跡も書ける

細字から太字まで1本で描き分けられる

ITEM ぺんてる
014 筆タッチサインペン

なんとなくのイメージだが、アイディアを考えるときは硬い書き味のペンよりも柔らかいペンのほうが、脳にも優しくていいような気がする。この筆タッチサインペンは、ペン先が気持ちよくしなる。書いていて気持ち良いのはもちろんのことだが、筆圧に応じて細字、太字が描き分けられる良さもある。マインドマップで太い線を描きたいときにも重宝する。全12色。[¥150、ぺんてる]

言葉もイメージも
考えたまま書き出せる

紙は薄いので、片面筆記に徹している。そうすると、右手がリングに当たらずにすむ

ITEM 015 月光荘

スケッチブック ウス点 2F

これは私がアイディアを考えるときに必ず使っているスケッチブック。紙面には薄いブルーの点々が1cm四方で敷き詰められている。考えるとき、頭には言葉も浮かべば、まだ言葉にすらなっていない漠然としたイメージのときもある。それらすべてを落とし込むのに、このウス点が良い。罫線だと思考が文字化してしまい、ついつい言葉ばかりを書いてしまうが、これだと言葉もイメージもそのまま描き出せる。［¥415、月光荘画材店］

思考を邪魔しないウス点のフォーマット

アイディア発想の オススメセット

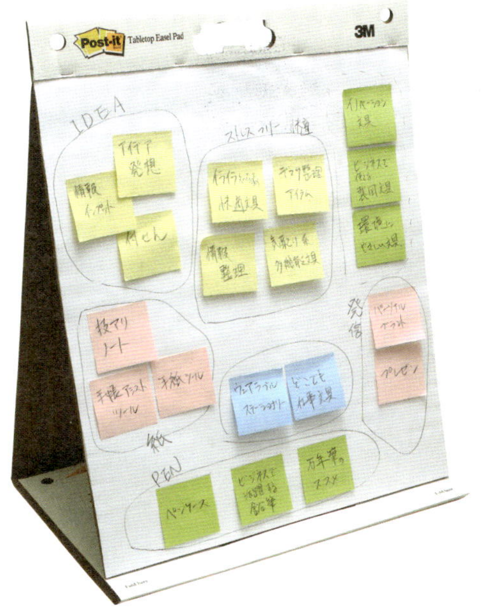

イーゼルパッドはテーブルの
上に自立させられる

使わないときは折りたたんで
コンパクトになる

ITEM 016 スリーエム ジャパン
ポスト・イット イーゼルパッド テーブルトップ

ITEM 017 スリーエム ジャパン
ポスト・イット 強粘着ノート 654SS

ITEM 018 月光荘
8B鉛筆

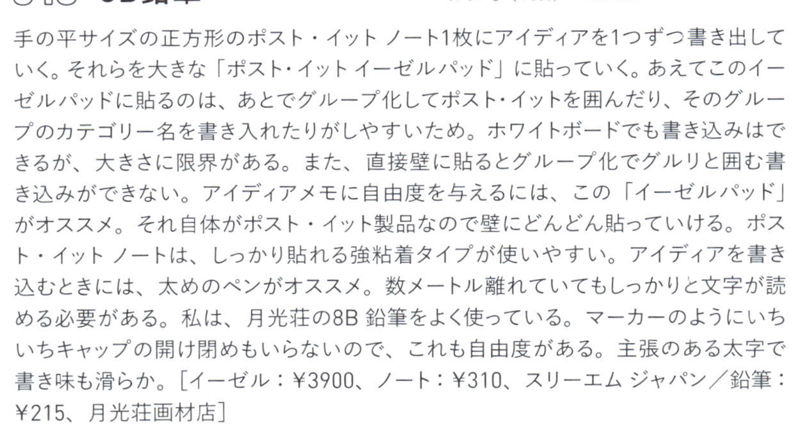

専用のヌメ革の
キャップも別売さ
れている（¥530）

手の平サイズの正方形のポスト・イット ノート1枚にアイディアを1つずつ書き出していく。それらを大きな「ポスト・イット イーゼルパッド」に貼っていく。あえてこのイーゼルパッドに貼るのは、あとでグループ化してポスト・イットを囲んだり、そのグループのカテゴリー名を書き入れたりがしやすいため。ホワイトボードでも書き込みはできるが、大きさに限界がある。また、直接壁に貼るとグループ化でグルリと囲む書き込みができない。アイディアメモに自由度を与えるには、この「イーゼルパッド」がオススメ。それ自体がポスト・イット製品なので壁にどんどん貼っていける。ポスト・イット ノートは、しっかり貼れる強粘着タイプが使いやすい。アイディアを書き込むときには、太めのペンがオススメ。数メートル離れていてもしっかりと文字が読める必要がある。私は、月光荘の8B 鉛筆をよく使っている。マーカーのようにいちいちキャップの開け閉めもいらないので、これも自由度がある。主張のある太字で書き味も滑らか。［イーゼル：¥3900、ノート：¥310、スリーエム ジャパン／鉛筆：¥215、月光荘画材店］

ITEM
019 morinagaFO. 思考用紙（A5）

人は罫線によって思考のモードも変わると私は思っている。横罫線に向かえば、自然と上から順に文字を書いていき、無地に向かえば絵や図が描きたくなる。この思考用紙はゆったりとしたマス目の方眼。これに向かうと、私はその大きなマスのいくつかを線で囲んでキーワードを書き、それらのキーワードを線でつないで関係図を作ったりする。フローチャートを書くときにもしっくりとくる。いつもとはちょっと違う思考モードになりたいときにおススメしたい。［¥400、morinagaFO.］

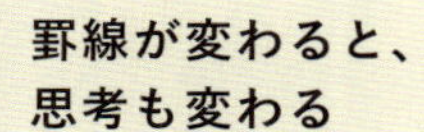

紙は原稿用紙ブランドの満寿屋製。
万年筆でも思考を深められる

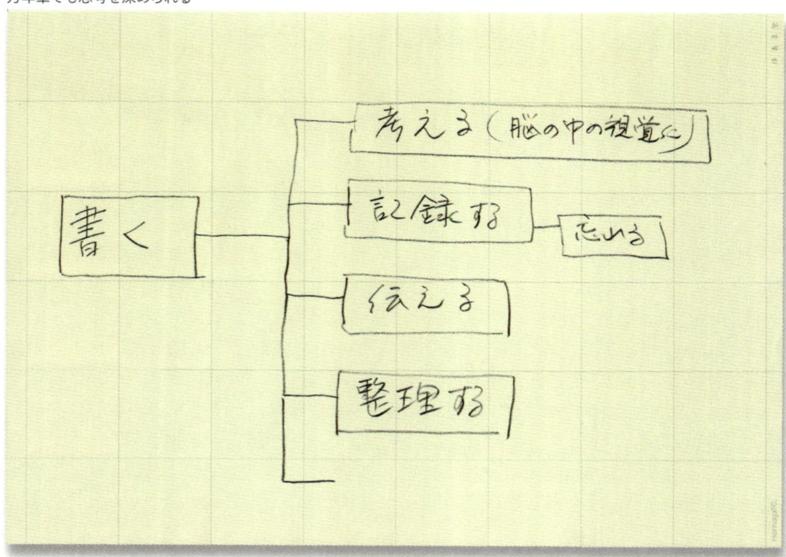

実は多機能な
3.15mm黒鉛芯

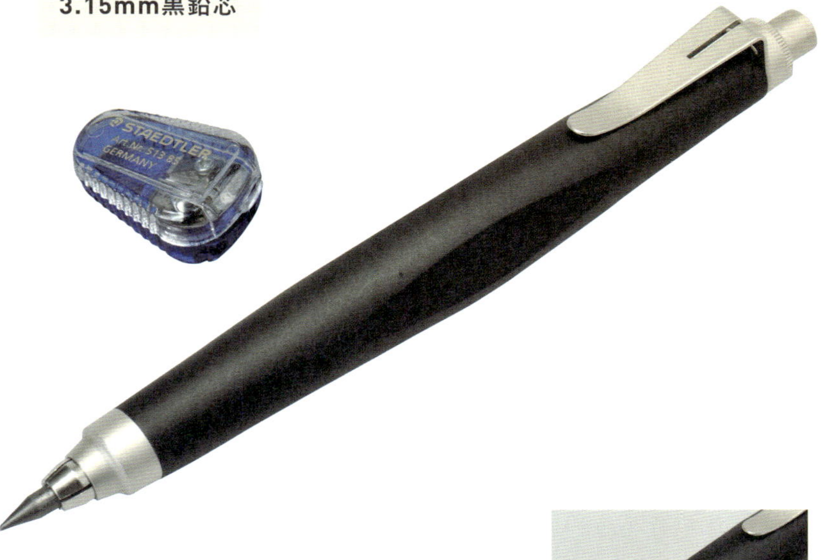

ITEM **020** ラミー
スクリブル・ペンシル（3.15mm）

ITEM **021** ステッドラー
卵形芯研器

私はアイディアを書くときに黒鉛芯の筆記具を手にする。理由は筆跡に強弱が付けられるから。そして、もうひとつ黒鉛芯で書くことは、文字という「立体物」を紙の上に作っていると実感できるというのもある。ボールペンのインクは紙の繊維に染み込んでいくが、黒鉛芯はその黒鉛のかけらが紙の繊維の上に乗っかっている状態。アイディアという立体物を形作っていると感じられる。このスクリブルは3.15mmという鉛筆よりも一回り太い芯を持つ。純正の芯は4Bだが、そのわりに書いてみると、普通のHB鉛筆のような筆跡。力を入れたり、少し寝かせて書けば極太の線も描ける。良いアイディアは太く、まだまだなアイディアは細く薄くと、1本のペンで書き分けられる。実はとても多機能なペンなのである。先端は3.15mm対応の芯研器を使って削れる。［ペン：¥6000、DKSHジャパン／芯研器：¥450、ステッドラー日本］

ボディの両サイドはスパッとカットされたようになっていて、握りやすい

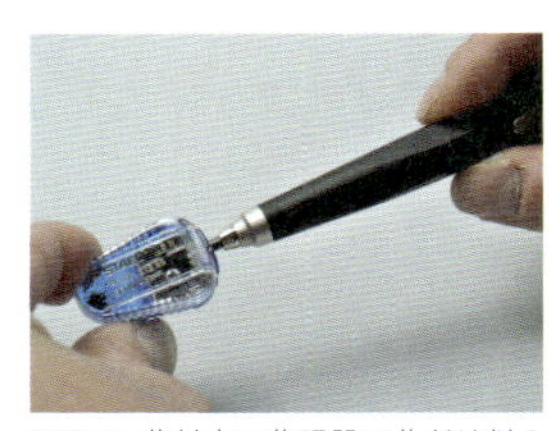
3.15mm芯対応の芯研器で芯だけ削る（2mm芯も削れる）

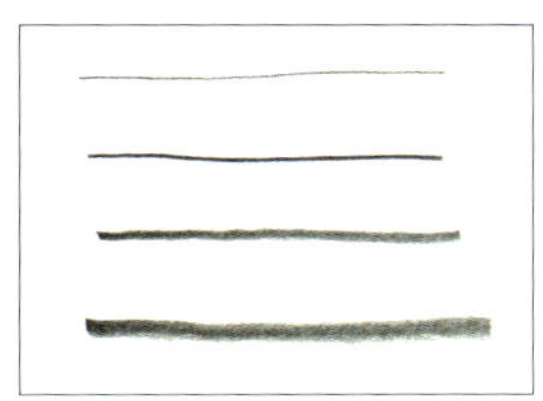
1本でこれだけの線が描き分けられる

03

情報・書類を整理する

パソコンの普及に伴って紙の書類が減ったかといえば、むしろ逆で以前より増えているとさえ思える。今後もこの流れは大きくは変わらないだろう。そうした中でいかに効率的に書類を整理し、必要なときにさっと取り出せるかが、日々の仕事をスムーズに進めていく上で大きなカギとなる。とはいえ、すべての書類をゼロから整理し直すというのは、あまりにも大変な作業。ここでは、日頃の書類整理において、ちょっとしたスパイス的に使えるファイリングアイテムをご紹介してみたい。机の上の散らかり具合は、その人の頭の中を表すともいわれている。ファイリングツールで机の上も頭の中もスッキリ整理してみてはいかがだろうか。

書類を放り込んでおくだけなのに、閲覧性抜群

手で押さえるだけで、まるで綴じたようになる。収納枚数は最大で70枚

ITEM 022 キングジム

テジグ

ファイリングには大きく分けて2つの方法がある。1つは書類に穴を開けて本格的に綴じるというもの、そしてもう1つが、とりあえずのファイリングとばかりにクリアホルダーなどに入れておくというものだ。その最大の違いは、綴じた後の書類の閲覧性。前者はしっかりと綴じ込まれているので、閲覧性は抜群。一方、クリアホルダーは決して良いとはいえない。そんな一時的なファイリングでも、閲覧性が良くなるのが、この「テジグ」だ。一見すると、薄いボックスのようなスタイル。がま口のように留め具をパチンと外すと、開くようになっている。この開き方がちょっと変わっている。完全に開くのではなく、根元は閉じたままになっている。ここに「テジグ」最大の特徴がある。書類はその間に差し込む。この段階では書類は差し込んであるだけなので、とても不安定な状態だ。そこでファイルの外側にある「PUSH」というところを指で押さえる。といっても、あえてそうするまでもなく、このファイルを手にすると、自然にそこに手がいくようになっている。すると、先ほどまで不安定だった書類は、あたかもがっちり綴じられたようになって、ページをパラパラとめくることができる。「テジグ」とは手が綴じ具になるということだったのだ。ページの入れ替えは自由自在。プレゼン資料を入れて構成を考えたり、穴を開けられない書類のファイリングなど使い方はいろいろ。[¥480、キングジム]

ロックすると書類は完全に覆い隠される

ITEM タツノ
023 bindman AC

役所で鍛えられた
プロ仕様ファイル

このファイルのベースとなっているのは、役所で戸籍簿などを綴じるバインダー。普通のファイルとどこが違うかといえば、日々何回も開け閉めが繰り返されるハードユースに耐えられる頑強さ。そして、中の書類の取り出しやすさもある。背にはアルミが使われており、中央から折れ曲がる蝶番がある。リングを開けると、その背が内側に折れ曲がってファイルが完全にフラットになって書類が取り出しやすくなる。そのプロ仕様をそのままに美しいデザインで生まれ変わっている。[¥6400、タツノ]

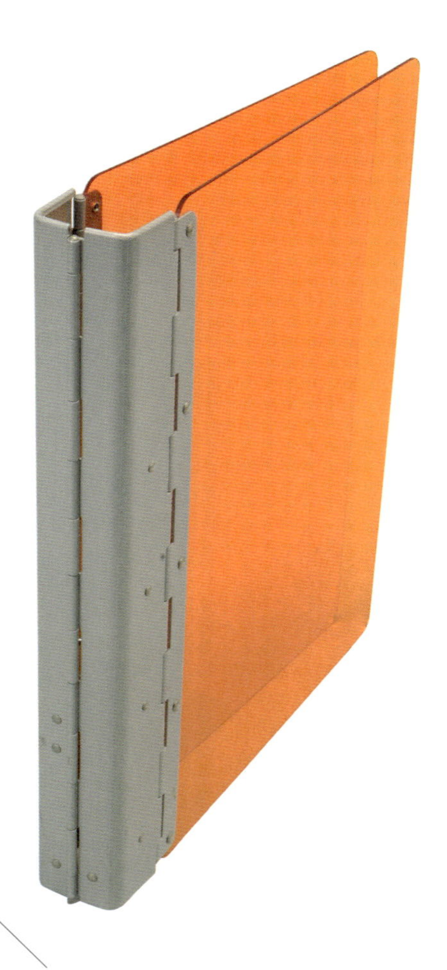

綴じ具の下側にあるレバーを下げるとリングが開く

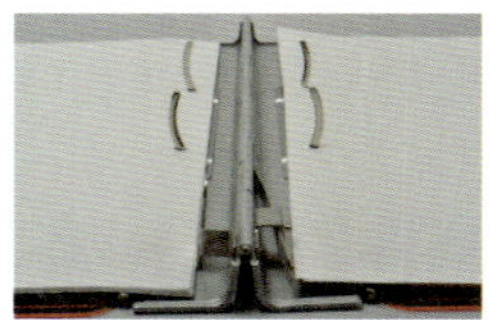

リングを開けると、このようにフラットになって書類への出し入れが楽にできる

ひと味違う
クリアホルダー

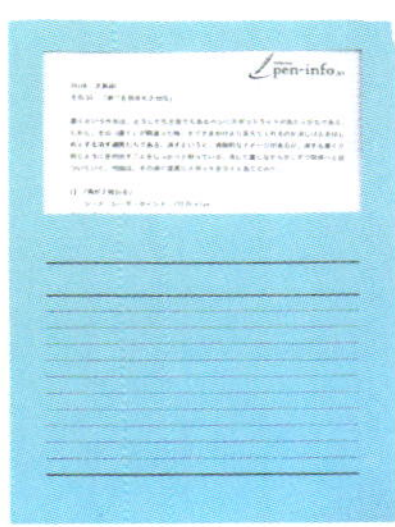

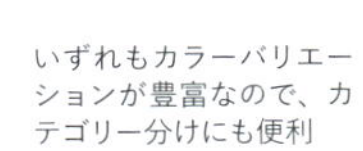
いずれもカラーバリエーションが豊富なので、カテゴリー分けにも便利

ITEM 024 ELCO
ペーパーフォルダー（アソート5色各2枚セット）［写真左］

ITEM 025 ELCO
ウィンドーファイル（アソート5色各2枚セット）［写真右］

資料を数枚入れるといったときに、よく使うのがクリアホルダー。透明のものが多いが、何か味気なさを感じてしまう。スイスELCO社の「ペーパーフォルダー」は半透明の紙製フォルダーで、トレーシングペーパーくらいの半透明感とハリがある。中に入れた書類が奥ゆかしくうっすらと透けて見える。紙なので、直接手書きもできる。また「ウィンドーファイル」は、見るからに紙というスタイル。上半分だけ透明フィルムの窓があり、書類の識別もできる。その下には、タイトルだけでなく、より詳細に書き込めるスペースもある。［フォルダー：¥1600、ファイル：¥850、クルーズ］

ITEM 026 LIHIT LAB.
リクエスト ハンギングスタンド

ITEM 027 LIHIT LAB.
リクエスト ハンギングフォルダー

ついついファイリングせずに机の上に書類を置いて山をつくってしまうのは、ファイリング作業が面倒だから、という理由が少なからずあると思う。リングに綴じたり、ポケットに差し込んだりというひと手間が必要だからだ。この「ハンギングスタンド」と「フォルダー」なら書類やハガキ、名刺といったサイズも大きさが違うものでも、ただただ放り込んでおくだけでよい。ファイリングは、書類を入れる流れだけだと、いずれはいっぱいになって破綻してしまう。私は何かを入れたら、その代わりに何かを取り出す（捨てるかスキャン）をルールにしている。ファイリングに出していく流れも作ってあげれば、常に適正量に保てる。その出し入れがこのハンギングフォルダーならやりやすい。［スタンド、フォルダー：オープン価格、LIHIT LAB.］

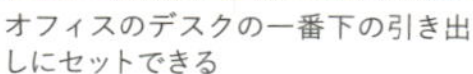
オフィスのデスクの一番下の引き出しにセットできる

放り込んでおくだけの簡単ファイリング

軽い力で
パンチできる

LP-35は最大で35枚の書類に穴が開けられる。押し心地はとても軽い

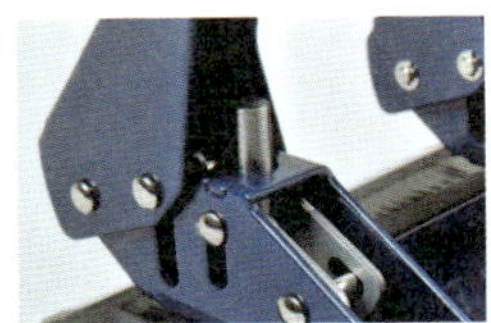

ハンドルの中に隠されたもう１つのテコ

ITEM 028 カール事務器
アリシス（LP-35）

分厚い書類にパンチで穴を開けるとき、これまでは椅子から少し腰を浮かせ、力を入れて「ヨイショ」と押していた。分厚い書類にパンチの刃を入れていくので、どうしても物理的にパンチのハンドルは重くなってしまう。その常識を打ち破ったのが「アリシス」。ハンドルを押す力を軽くするために採用されているのは二重テコ機構。そもそもパンチは、ハンドルを押すという動きの中でテコの原理を使っている。テコは、支点、力点、作用点で構成される。ハンドルを軽くするには力点、つまり手で押すところを長くすればいい。ただ、そうするとパンチのボディは、それに伴い大きくなって使いづらいものになってしまう。このアリシスは、ハンドルの内部にもう1つのテコを備えている。二重テコを採用したことで穴を開ける負荷を軽減し、さらにこれまでのパンチとほぼ変わらない大きさに抑えることができた。メーカーによれば、従来の製品に比べ約半分の力でパンチできるようになったという。実際に試してみたところ、確かに「サクリ」と音も力も小さくなっている。[¥1500、カール事務器]

消しゴムサイズの
2穴パンチ

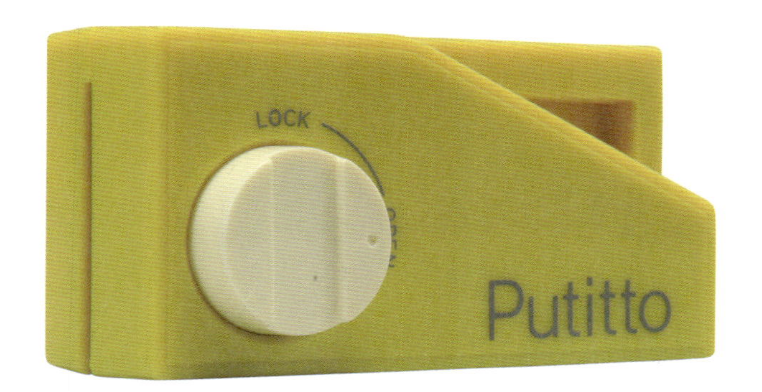

ITEM 029 カール事務器
プチット

打合せで配られる資料をあとでファイリングしようと思いつつ、忙しさに流されて後回しにしてしまう。すると次に探すときに「どこに行ったっけ?」と時間ばかりかかってしまう。資料は配られたらすぐにファイルするにこしたことはない。この「プチット」なら、外出先の会議でもそれができてしまう。さすがに書類1枚ずつの穴あけとなるが、その場でできるメリットは大きい。[¥450、カール事務器]

紙を半分に折って、本体のスキ間に差し込みパチンとボタンを押すだけ

ITEM 030 カンミ堂

ココフセンインデックス

机の上でクリアホルダーをボックスに入れて管理している人は多いと思う。その際、ちゃんとインデックスを付けていないと、そのつどガサゴソと探さなくてはならなくなる。インデックスを付けておいたところで、インデックスがインデックスを隠してよく見えないという事態もあったりする。これは、そのインデックス同士が重ならない構造になっているスグレモノ。同封の「貼り位置ガイド」を使って貼りつけるだけで、最大15個のインデックスを5列3段の方向にすべて重ならない位置にセットすることができる。インデックス全体が透明なため、クリアホルダーの収納位置が替わっても他のインデックスを隠さない。もちろん、付せんなので、貼って剥がして繰り返し使える。厚みがあるのでナヨッとしないのもよい。[¥700、カンミ堂]

「貼り位置ガイド」を使うことで、重ならない位置にキレイに貼れる

ファイルボックスにセットした姿が美しく、書類も探しやすい

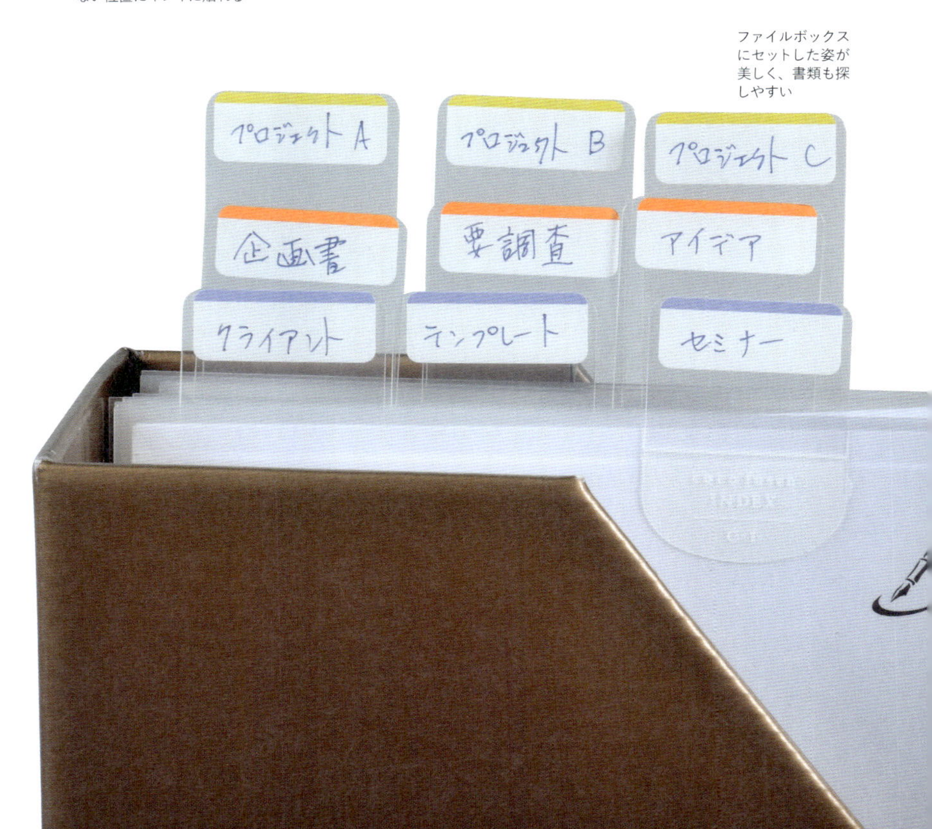

フラットな
コーナークリップ

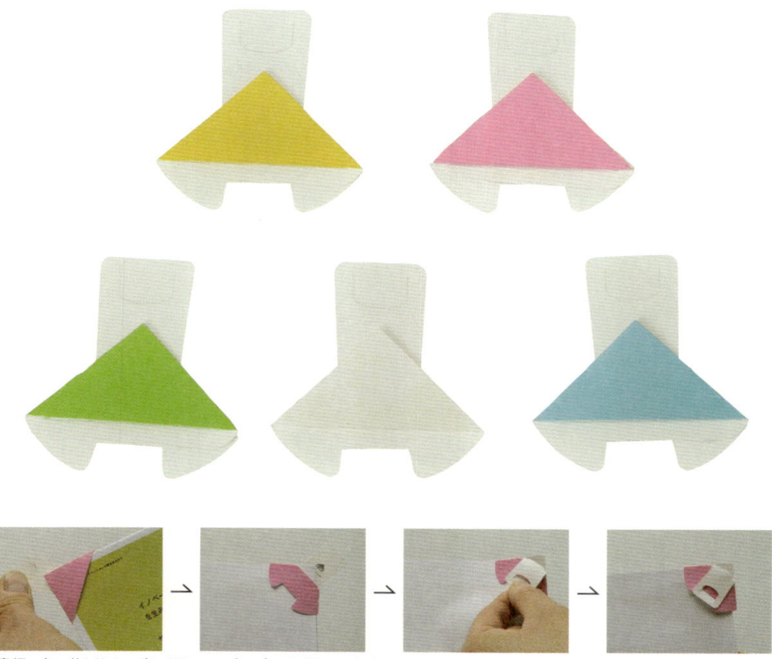

書類の角に差し込み、裏に返して、デルプの飛び出した部分をスリットに差し込む

ITEM 031 マックス
デルプ（20枚入り5色ミックス）

これは紙製のクリップ。紙とはいえ、留め具合はかなりしっかりしている。使い方は、留めたい書類のコーナーに「デルプ」を差し込む。飛び出した部分を裏側に折りたたんでいく。このとき、留めた書類の角も折り込む格好になる。裏面のスリットに差し込んで完了。書類の角を折り込んではいるが、デルプの角がそのまま残っているので、見た目には書類の四つ角がある。コピー用紙15枚くらいは留められる。ゼムクリップのようにめくっても外れる心配がない。カラーがインデックスにもなる。外したデルプは何回も使える。もちろん紙製なので、書類と一緒にシュレッダーにかけることもできる。［¥330、マックス］

ダブルクリップより薄く仕上げられる

ITEM 032
LIHIT LAB.
リクエスト 立体見出し付きクリヤーホルダー

仕事でよく使うクリアホルダー。とにかく何か書類がやってきたら、とりあえず入れておくという便利なアイテムだ。しかし、便利だからといって使いすぎると、クリアホルダーだらけで書類探しに一苦労することになる。というのも、クリアホルダーにはインデックスやラベルを付けにくいという事情がある。普通のファイルなら「背」という存在があり、そこにタイトルなどを書き込める。しかし、クリアホルダーはフラットな作りのため背というものがない。このクリアホルダーは、その点を見事に解決してくれている。背ラベルがあるのだ。しかも、しっかりとした厚みがある。三角柱という立体構造なので正面からだけでなく、左右からでも確認できる。また、クリアホルダーのもう1つの難点に書類が滑り出してしまうというのもあるが、これにはストッパーが付いている。ファイルは書類を綴じ込むことが大切なのではなく、その書類にタイトルをつけて、いつでもアクセスできるようにすることが一番の目的。ファイルしたはいいが、ずっと死蔵させるということをグッと減らせるだろう。[オープン価格、LIHIT LAB.]

付属のインデックスラベルは上から引き出せる

サイドのストッパーで書類をホールドしてくれる

分類上手な
クリアホルダー

ITEM 033 マックス

バイモ11フラット

分厚い書類をホチキスで綴じるとき、普通のホチキスだと紙の厚さに針が負け、ひしゃげてしまうということがよくある。そんなときはしかたがないので、業務用の大型ステープラーでガチャリとやる。しかし、業務用のステープラーに頼らずとも、「バイモ11フラット」があれば、大方解決してくれる。このステープラーは、ボディの大きさは従来のものよりわずかに大きくなった程度。大きく変わっているのはボディではなく、針のほうだ。私たちがよく使うホチキスの針は10 号というサイズ。このバイモ11フラットには、その名のとおり11号の針が使われている。比べてみると、針の幅だけでなく足も10号より長くなっている。10号針も11号針も大きさは違うが、1本1本の針の太さは同じ。それでいながら分厚い書類に負けずに、確実に綴じられるよう特殊な構造になっているのだ。ホチキスには、書類を綴じるときに針を真上から押す「針押し板」がある。一般に針押し板は左右の角が直角になっているが、バイモ11フラットは、両端が八重歯のように少し出っ張ったようになっている。これにより、分厚い書類を綴じたときも針が曲がったりせず、確実に押し込むことができる。また、針を上からだけでなく下から支える構造もある。針のセンター部分を下から支える「ステープルホルダ&ステープルガイド」というものだ。1本の針を上から、そして下からしっかり支えて押し込むようになっている。実際、40枚の書類を何度か綴じてみたが、一度も針が負けることはなかった。しかも、押し心地が実に軽い。従来、分厚い書類を綴じるときに感じた重さは、みじんもない。また、業務用のステープラーでは2、3枚程度の薄いものを綴じると、針がグラグラと不安定になっていたが、バイモ11フラットではそうした薄い書類でもガッチリ綴じられる。マイホチキスとして、これが1つあると本当に心強い。私はオフィスと自宅に1つずつ置いて愛用している。[¥1500、マックス]

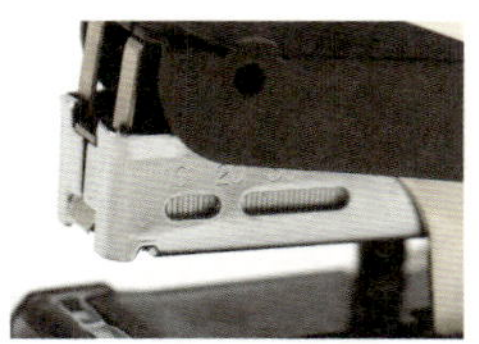

サイドには残りの針の量を確認できる窓がある。ホチキスを使いながら針の装填どきが自然にわかる

針押し板の角が出っ張っていることで、分厚い書類にも負けずに押し込める

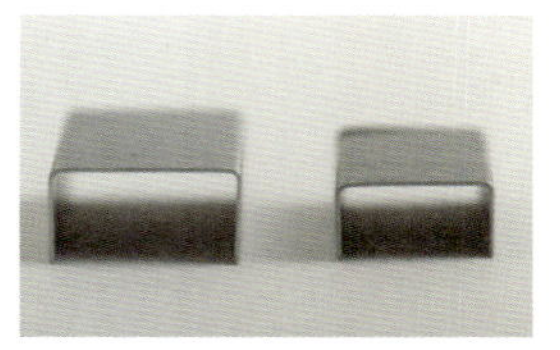

左が 11 号針で、右が 10 号針

40枚の書類でも 針が負けない ホチキス

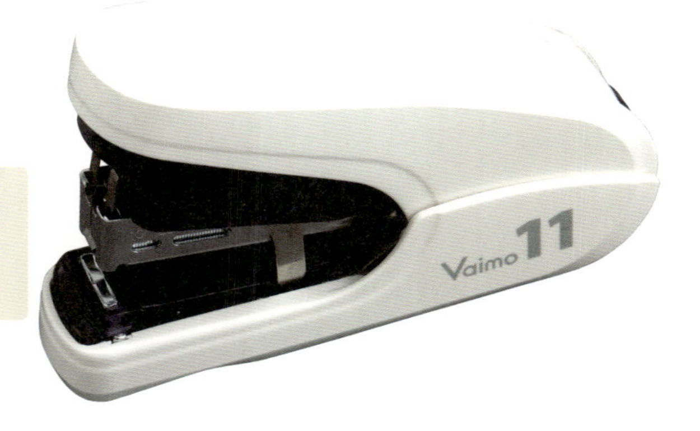

ファイルナンバーを美しく

ITEM 034 HERMA ナンバーシール15mm

ITEM 035 HERMA アルファベットシール15mm

私がノートのナンバリングに使っているドイツの HERMA 社のシール。これが良いのは美しく視認性の良いフォント。これをクリアホルダーやファイルに貼るとキリリと引き締まる。防水・防塵なのも嬉しい。手で貼るより、カッターの先端を使って貼ると、キレイに仕上がる。[ともに¥250、近代トレイディング]

シールはキレイに剥がすこともできる

カレンダーと
封筒が合体

ITEM **036** MUCU
エンベロープカレンダー

書類の中には「日付」とひも付けされているものがある。たとえば、展示会の招待券やミーティングの資料などだ。その日になったら、慌てずに速やかに取り出したい。この封筒の表紙にはカレンダーが印刷されている（1～12月の全12枚）。サイズはA5より少し大きめ。資料はその月の封筒に一式入れて、カレンダーに書き込んでおけばよい。
［¥1800、MUCU］

封筒を壁に貼れば、カレンダー兼ファイルにもなる

BNK
BNK
Globe-Weis
Check File
Globe-Weis
12
Accordion® File

04

プレゼンをスマートにする

クライアントへの説明や社内会議など、ビジネスの場で日々行われているプレゼンテーション。そうしたプレゼンの良し悪しは、もちろん内容そのもので決まる。しかし、せっかくの内容も見せ方1つで、その効果は大きく変わってしまう。たとえば、お客さまに見せるために作成した企画書や提案書をホチキスで留めただけでは何ともさびしい。そこはやはり、より良く見せる体裁を整えたい。あなたの渾身の作をより魅力的に見せてくれるプレゼンツール、そしてプレゼンで便利に使えるツールを選んでみた。

紙芝居のように
プレゼンできる

持ち運ぶときはファイルスタイル

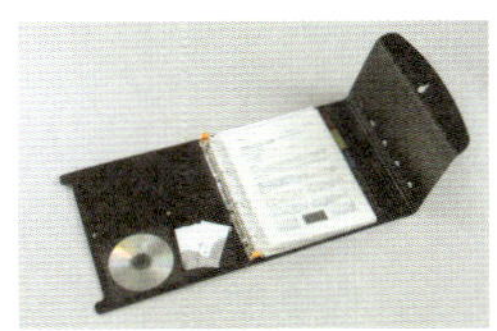
内側にはCDを入れておける便利なポケットも

ITEM 037

EXACOMPTA
エグザショー

これはポケット式のA4ファイル。4つ穴のリング式で書類の差し替えが自在に行える。そして一番の特徴は、広げるとスタンドのように自立することだ。1ページずつめくりながら、ちょうど紙芝居のようにクライアントに見せることができる。プレゼンが終われば折り畳んでカバンに収納できる。［¥4600円／日本システムス］

企画書は
勝負紙で

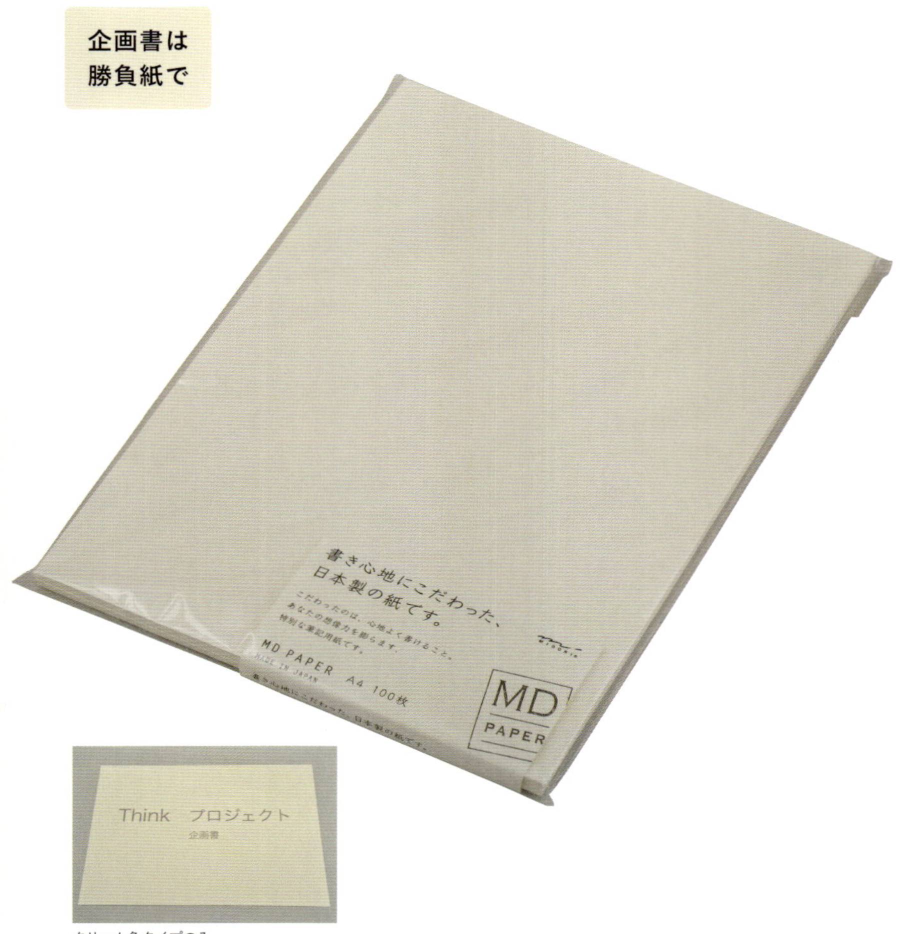

クリーム色タイプのみ

ITEM 038 デザインフィル
MD用紙（A4）100枚パック

ここぞの企画書をプリントアウトするときは、いつものコピー用紙ではなく、少し厚めの上質紙がよく使われる。そこで、ちょっと違う紙を使ってみるのも面白い。デザインフィルが永年、手帳用紙として作り続けている「MD（ミドリダイアリー）用紙」は、どんなペンで書いてもインクに負けない書き味が楽しめる。もちろん、プリンターにも通せる（プリントする際は「普通紙モード」に）。企画書はプレゼンのときに結構書き込むことが多い。この紙なら、そのときにプレゼン相手を印象づけられるかもしれない。ややクリームがかった感じで、見た目にもやさしい印象になる。[¥700、デザインフィル]

ITEM 039

イトーヤ オブ アメリカ

アート・プロフォリオ・エボリューションライン（9×12インチ）

これはいわゆるポケット式のファイル。ブルーやピンクといった事務用品然としたものが多い中、これはブラックでまとめられたシックな一冊。もともとこのファイルは、米国のプロ写真家やモデルが、自らの作品（ポートフォリオ）を入れてクライアントにプレゼンするためのもの。表紙だけでなくポケットの中の台紙もブラックで統一されており、中に入れる書類や写真がよく映える。まさにプレゼン向きの一冊だ。［¥1100、銀座・伊東屋］

エッジは補強されているのでとても頑丈。表紙には目立つロゴもない控えめなデザイン

A4の資料を入れても黒い余白ができるので、主役である書類や写真が引き立つ

ブラックの台紙で企画書が際立つ

ITEM
040 ぺんてる
ノック式ハンディ・ホワイトボードマーカー

ホワイトボードのプレゼンに欠かせないマーカー。これまでのものはキャップ式ばかりだった。そのため、書くときにはいちいちキャップを外し、書き終わればキャップを閉めるという面倒な作業が伴った。このマーカーはノック式になっているので、サッと書き始めることができる。プレゼンの流れを崩すことなく、スマートなプレゼンが行える。一度使うと、これは手放せなくなる。[¥170、ぺんてる]

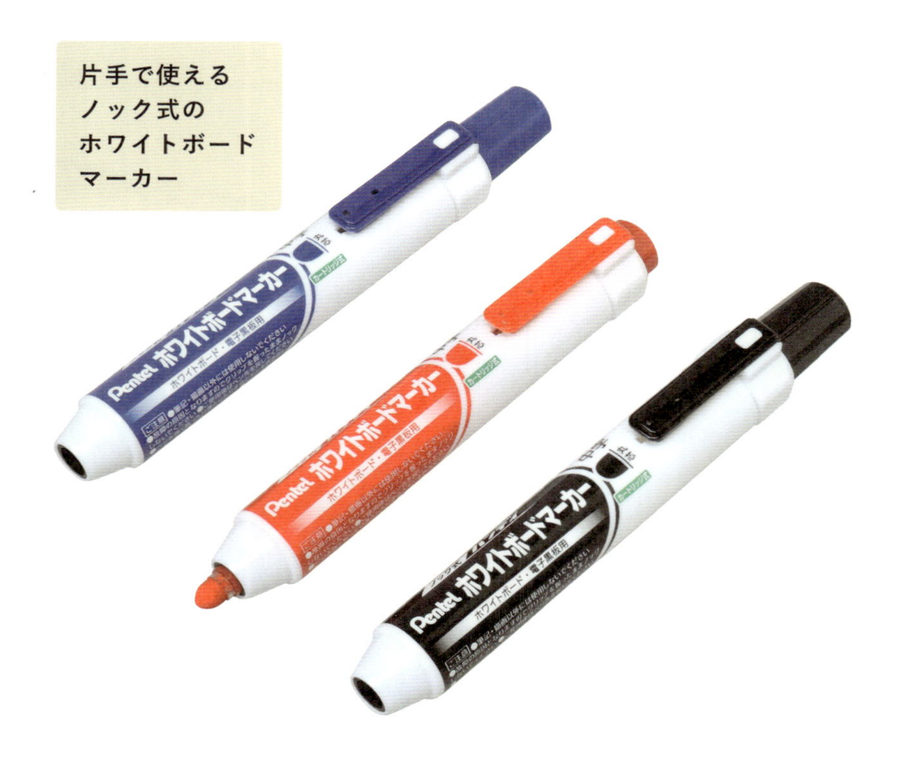

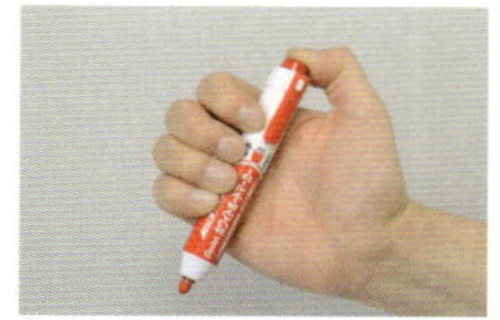
ノック式のためキャップはないが、インナーキャップがあり、それがノックのたびに開閉する

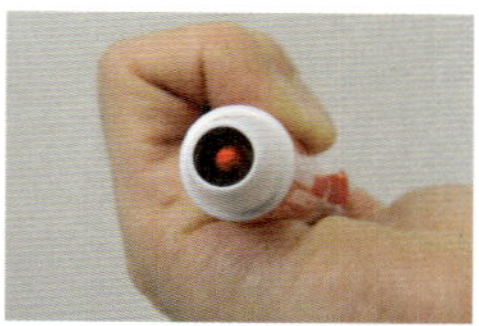
先端のシャッターで乾燥を防ぐ

しなるとはいえ、クニャクニャと柔らかいのではなく、適度なコシも併せ持つ

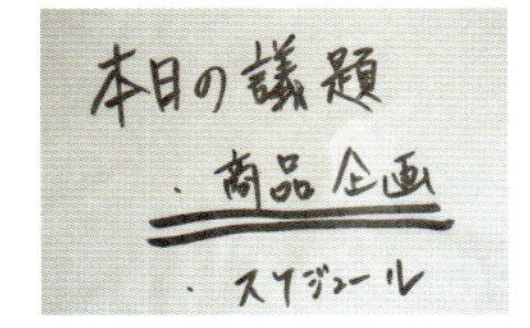

筆圧を変えることで細字、太字を1本で描き分けられる

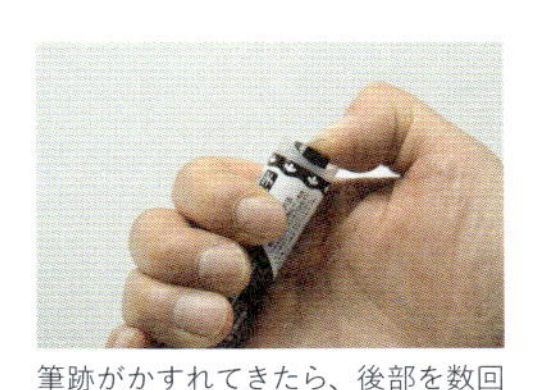

筆跡がかすれてきたら、後部を数回プッシュすれば、再び濃く書ける

**書き心地の良い
ホワイトボード
マーカー**

ITEM 041 ぺんてる

ノックル ボードにフィット

ホワイトボードマーカーは何かとアウェーな環境で書くことが多い。その1つに縦面のボードに書くというのがある。いつもは机の上という横面での筆記なので、相当に勝手が違う。それに人前で書くというのもそうだ。人に注目されながら書くと緊張してしまい、いつも書けるはずの漢字をど忘れして書けなくなってしまうなんてこともあったり。そんなアウェーな中でも、このボードマーカーなら立ち向かっていけそうだ。ペン先には蛇腹のようなスリットがある。これにより書くときにペン先がほどよくしなる。それはそれは心地良い感触。このしなりを味方につけると、トメ、ハネ、ハライが効いて、筆っぽい筆跡にもある。気分良く書けるので、アウェーをホームにしてくれるボードマーカーである。[¥250、ぺんてる]

製本機なしでプレゼン資料を作成

【雑誌連載企画書】

プロフェッショナルのための文具術

土橋 正

2015年7月1日

一度に5枚までをパンチできる。A4、B5サイズだと3回パンチすればよい

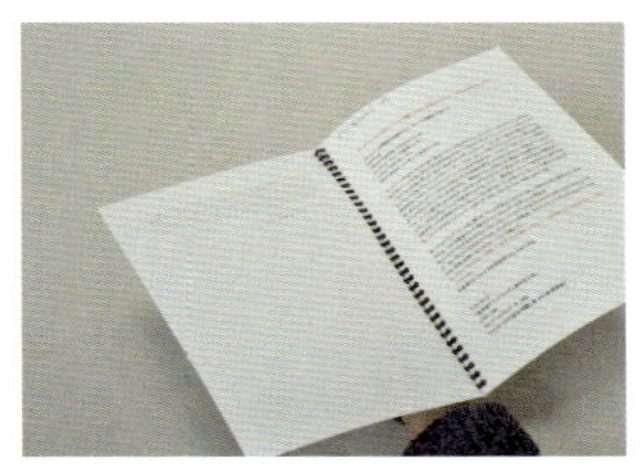
製本後のページ差し替えも自由にでき、ページもめくりやすい

このとじ具を使えば、ワンサードパンチで穴を開けた書類を綴じられる。とじ具を開くオープナーも付属している

ITEM 042 LIHIT LAB.
ツイストリング製本用表紙（クリスタル、20枚入）

ITEM 043 LIHIT LAB.
ツイストリング製本用とじ具（A4、40枚収納、10本入）

ITEM 044 LIHIT LAB.
ワンサードパンチ

プレゼン資料は、ホチキスで留めているだけよりしっかり製本されているほうが見栄えが良い。とはいえ、本格的な製本機を導入するのはコストがかってしまう。ツイストリング・ノートの周辺ツールを使うと、手軽に製本されたプレゼン資料ができる。「ワンサードパンチ」で、まずプレゼン資料にツイストリング用の穴を開ける。ガイドに沿って、パンチすれば1ページ分の穴が開けられる。2枚の透明な専用表紙で綴じる書類を挟んで、専用の綴じ具をセットすれば OK。[表紙：¥700、とじ具：¥1150、パンチ：¥2600、LIHIT LAB.]

企画書を
スタイリッシュに

ITEM 045 デュラブル
デュラクリップ

企画書や提案書をクライアントへ提出することも多いだろう。そうしたときに美しく、かつ手軽に使えるのがこのデュラクリップ。ホチキスやパンチを全く使わずにファイルの綴じ具をスライドするだけで留められる。プレゼンに行く前というのは急いでいることが多い。そんなときには特に助かる。中に収まる書類は、A4サイズが最大で30枚まで綴じられる。［¥240、銀座・伊東屋］

1カ所だけの固定ではあるが、綴じてしまえば、外れることはない

ITEM 046 欧文印刷

nu board（A3判）

A3サイズとタップリの大きさがあるリング綴じのホワイトボード。表紙ならびに中のホワイドボード（紙製）はしっかりとした厚みがあり、立てて使うこともできる。閉じたときに書き込んだ文字がこすれて消えないように、各ページの間には半透明のカバーシートが綴じ込まれている。この半透明のシートの上からもボードマーカーで書き込みできる。いくつかのプランをシミュレーションするときに便利だ。［¥3800、欧文印刷］

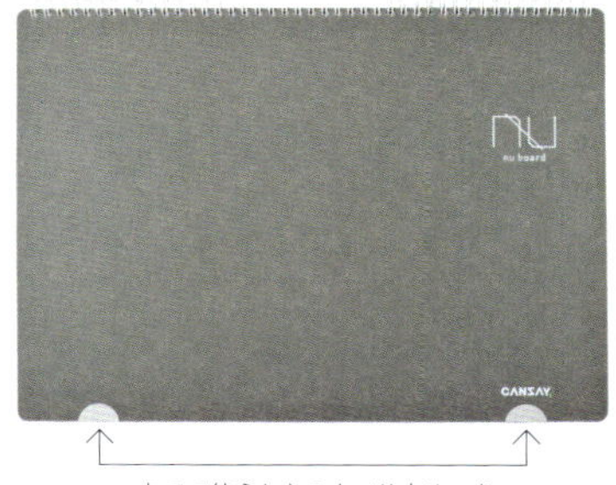

立てて使うときのすべり止めつき

前回のミーティングの書き込みを保存できるので、次回再開するときにも便利

05

技ありノート

考えてみると、私たちはノートの取り方というものを正式に誰かに教わったことがないように思う。学生時代は黒板にあるものをただただ書き写し、社会人になってもミーティングの内容を記録するのが中心だった。しかし、はたしてノートは記録のためだけなのだろうか。記録という点だけでいえば、パソコンで行ったほうがその後の作業はスムーズになる。今ノートに求められているのは、これまでの記録とは違う、何かなのかもしれない。そうしたことを受けてか、昨今のノートの進化には目を見張るものがある。これまでとは違う使い方ができそうな「技ありノート」を集めてみた。

もう罫線に
しばられない

127.9g/m^2 という特厚口の紙なので、書いた文字が裏面に写らずに集中して記入できる

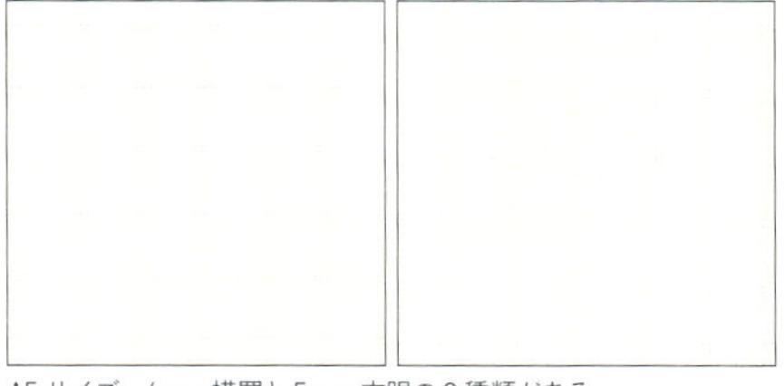

A5 サイズ。6mm 横罫と 5mm 方眼の 2 種類がある

ITEM 047 キングジム
スタンディア

罫線というものは、情報をキレイにまとめていくときには大いに有効だ。しかし、自由に発想しようというときには、窮屈な存在になりかねない。ならば、罫線のない無地を使えばいいじゃないか、ということになるが、何もないのも不安だったりする。この「スタンディア」は横罫と方眼の2種類あるが、その罫線がとても薄い。よく目を凝らさないと見えないほどだ。基本的に自由に書けて、キレイに書きたいときには罫線が頼りになる。[¥900、キングジム]

アイディアに
レイヤー（層）を
つける

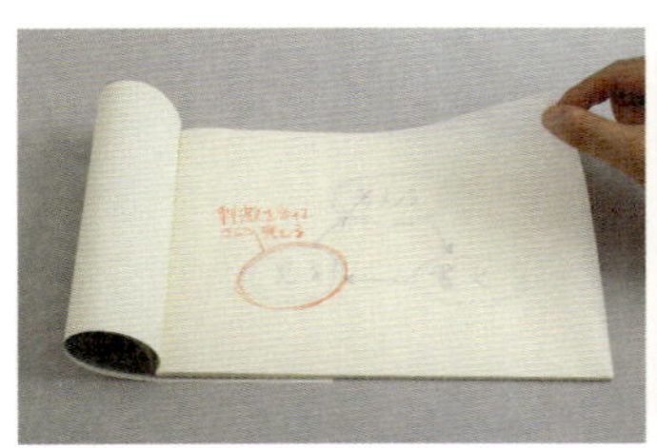

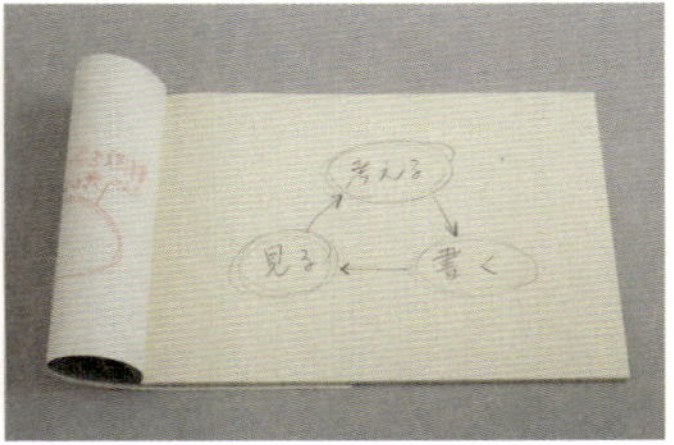

薄い紙に注釈を書くという使い方もできる

ITEM 048 ライフ
チットスケッチ 方眼

「チットスケッチ」は B5横サイズで、基本は5mm 方眼ノート。その方眼ページのそれぞれの間に半透明の薄い紙が綴じ込まれている。方眼紙の面に基本となるアイディアを書いていき、「このアイディアはどうかな?」というちょっと不確定なものがあったら、半透明の紙に書いて重ねることでアイディアのシミュレーションができる。
［¥800、ライフ］

表紙も内面にも何もない「無」。何もない空間は可能性に満ちている

フラットに開く無地ノート

ITEM 049 デザインフィル
MDノート（A5無罫）

どんなペンでも快適に書いていける上質な紙を使った「MD ノート」。その紙の良さがタップリ味わえる無罫フォーマット。背にラベルなどがないので、ノートの見開き性が大変よく、広げると、ほぼフラットな紙面になる。その見開きA4の広々とした紙面にアイディアを存分に書いていける。［¥800、デザインフィル］

別売りのノートカバー「紙（コルドバ）」には、本体の使い心地を損なわないよう、軽くて丈夫な素材が使われている（¥900）

アイディア発想に弾みがつく

ITEM 050 マークス
EDiT アイデア用ノート（付せん付き）

アイディア発想のための工夫が凝らされた「EDiT アイデア用ノート」。ノートには珍しい横型スタイル（B5変型サイズ）をしている。発想を広げると言うが、横型だと考えたアイディアをまさに広げて書いていける。紙面は文字もイラストも書きやすい7mm のドット方眼。そして、最大の特徴は付せんがセットされているところだ。ノートに書き込んだアイディアは紙面に固定されて動かせないが、付せんに書いたものなら自由に動かせる。アイディアを書いた付せんをノート紙面に貼ったり、それでも足りなければ、壁に貼って発想をどんどん広げていくことができる。[¥1500、マークス]

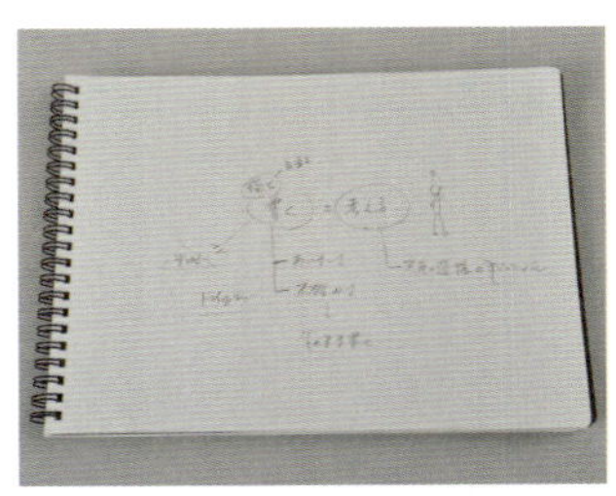
薄いブルーのドット方眼は片面だけに印刷されている

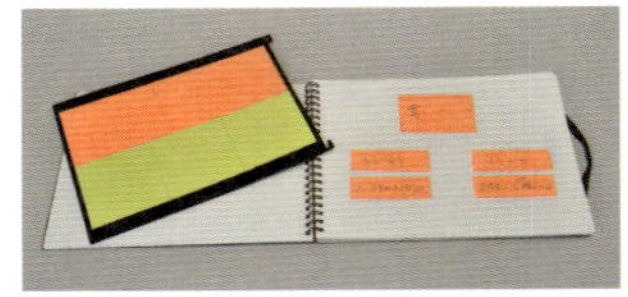
付せんのボードはリングへの着脱ができる。また、付せんは一般的なサイズなので、手持ちのもので補充できる

リングを外さず、
紙を外す

表紙はしっかりとしたポリプロピレン製。中のリフィルは5mm 方眼で、これだけでも別売りされている

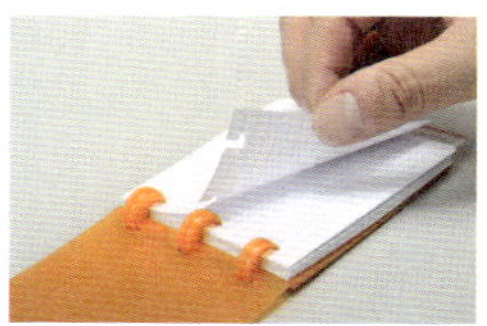

横から少しずつ外していく

ITEM 051 アトマ
PPカバーノート(A7)

ベルギーのアトマ社のリングノート。これもツイストノートと同様、中のページが自由に差し替えできる。ただ違うのは、リングを外す必要がないところ。そもそもこのリングは外せない。では、どうやってページの差し替えをするのか。それは、ページをそのまま外してしまえばよい。ノートの綴じ穴1つ1つに切り込みがあり、ページを破らずに外すことができる。もちろん戻すこともできる。戻すときはページをリングの上に添えてプチプチとリングにはめ込んでいく。紙は通常よりも厚めのものが使われており、数回の抜き差しなら問題ない。このパッドタイプは「ToDo 全集」に向いている。私は、ありとあらゆる ToDo を書き込んでいる。インデックスをつけてカテゴリーごとに書き込み、もしページがなくなったら、そこだけに補充していけばよい。ToDo というものは生きている限り決してゼロにはならない。毎日少しずつ取り組んで減っていくが、必ず新しい ToDo が次々に生まれていく。だから、付け外しできるメモツールが ToDo 管理に適している。[¥450、丸善雄松堂]

9種類の罫線を持つノート

ITEM 052 新日本カレンダー
365 notebook／Pro（A4）

人は思っている以上に罫線に影響を受けている。たとえば、横罫線に向かうと自然と線と線の間に文字を書こうとする。5mm 方眼に向かえば、その中に文字を書こうとする。誰しも心当たりがあるのではないだろうか。このノートは1冊でいろいろな罫線を使い分けられる。半透明のとっても薄い紙を使っている。さまざまな罫線が印刷された下敷きが4枚（裏表で8種類）付属されており、それを敷くことで8種類の罫線ノートになるわけだ。マインドマップが描きやすい蜘蛛の巣状の「スパイダー」や思考を広げる「波紋」など、いつもと違う思考モードになるユニークな罫線ばかりが揃っている。下敷きを敷かないと、無地という最高に自由な罫線にもなる。［¥980、新日本カレンダー］

日めくりカレンダーの紙が使われている

罫線下敷きを収納できるケースが付属。実際に使うときは、このケースに下敷きをセットして書くとよい（薄い紙なので下敷きに跡が付いてしまう）

創造力を広げる罫線が引かれたオリジナルの８種類の下敷き

ITEM 053
LIHIT LAB.
LEATHER IMAGE ツイストノート（A5）

ITEM 054
LIHIT LAB.
リングノート用リムーバー

ITEM 055
LIHIT LAB.
ツイストノート〈専用パンチ〉

ITEM 056
LIHIT LAB.
リングノート保存用バインダー（A5）

**ページを
編集して使える
リングノート**

表紙にドイツ製のリサイクルレザーを使った上質仕様

ツイストノートは、開いたページの左上と右下をつまんで斜めに引っ張るとリングが外れて、中の紙が出し入れできる

ダブルリングノートのリングのつなぎ合わせのところにリムーバーのフックを引っかけて手前にスライドするだけで、リングが広がり、中の紙を破らずにキレイなままで取り出せる

このパンチはコピー用紙1枚ずつの穴開けとなる。1押しで角穴が10個開く設計

専用ファイルは100枚まで綴じることができる

リングノートのように半分に折り返せるスリムさを持ちつつ、ルーズリーフのようにリングが開いて中のノートを差し替えできる自由さもある「ツイストノート」。リングノートとルーズリーフのいいとこ取りをした、まさに技ありノートだ。このノートには、さらに便利に使えるツールがいろいろと揃っている。ツイストノートは、ほとんどのダブルリングノートと綴じ穴の間隔が同じ。つまり、ツイストノートに合体できるのだ。「リングノート用リムーバー」を使えば、ダブルリングノートのリングを広げて中の紙を破ることなく取り出せる。必要なページだけをツイストノートに合体できる。また、専用のパンチを使えば、資料に穴を開けてツイストノートに綴じることもできる。これまではちょうどよい大きさに切って、糊で貼る手間があったが、これならキレイにしかも簡単に行える。そして、書き終わったノートをまとめて保存できる専用バインダーまで用意されている。ここから取り出して、今使っているノートに戻すこともできる。このように、ノートを編集しながら活用できる。[ノート：¥1400、リムーバー：¥200、パンチ：¥630、バインダー：¥480、LIHIT LAB.]

ITEM 057 ノックス

ルフト システム手帳（ナローサイズ）

1980年代のシステム手帳ブームを経験した私は、「システム手帳」と聞くと、ぶ厚さとズシリとした重みが手の中によみがえってくる。昨今のシステム手帳事情は、かなり変わってきている。この「ルフト」は、これまでのシステム手帳よりずっと薄く、綴じ手帳と同じくらいだ。レザーは内側に何かを張り合わせることもなく、あくまで一枚革仕上げ。内側は起毛を抑えた加工がされ、そのすぐ上にリフィルがきても書き心地は良い。8mm 径という小さなリングを使っていることも、スリムさに貢献している。背にはメタルバーを付けてアクセントにしている。このナローサイズは、バイブルサイズの横幅をスリムにした大きさ。コンパクトなので、スーツの内ポケットにも入れやすい。このスリムな「ルフト」でシステム手帳再デビューをしてみてはどうだろう。[¥6000、デザインフィル]

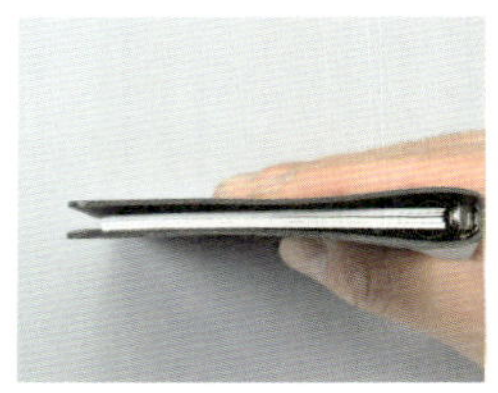

横から見ると、薄さがわかる

本体は一枚革のシンプル設計

スリムなシステム手帳

後づけできる別売りのペンホルダー（¥1000）

ITEM 058 三洋紙業

紙のミルフィーユ 袋とじノート（A5サイズ）

このノートは全ページが袋綴じされている。紙面にあるミシン目を切り取ると広げられるので、1ページに書ききれなかったことをタップリ書くことができる。1つのテーマは、できればひと目で見ることができる1ページに収めたほうが検討しやすい。ページをめくると、どうしても頭も切り替わってしまいそうになる。また、袋綴じを切り取らずに、下側にマスキングテープなどでふさげばポケットになり、ファイルとしても使える。ノート兼ファイルにもなる便利なノートである。［¥2800、三洋紙業］

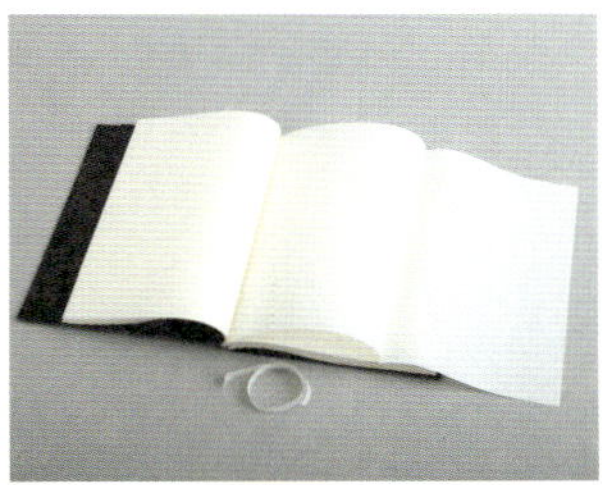

ミシン目は2本付いているので、キレイに切り取れる。紙は万年筆との相性が良いバンクペーパー

広げて書いたり、ポケットにしたり

下側をふさげばポケットにもなる

1ページずつ
決着をつけられる

メインエリアに主なアイディア、隣の縦エリアに詳細、下の横エリアに課題、といった具合に各エリアを自分なりに設定して使うこともできる

ITEM 059 学研ステイフル

CMノート（B5リングノート）

40年ほど前に米国のコーネル大学で開発されたノートフォーマット。1ページが3つのエリアに分けられているのが特徴。基本的な使い方は、メインのエリアに記入し、そのすぐ隣の縦エリアにキーワードだけを書いていく。そして、いちばん下の横エリアにサマリーとして要約を書く。何となく書くだけで終わりがちなノート筆記に1つの流れができる。横罫タイプと方眼タイプがある。[¥320、学研ステイフル]

ITEM ゼニス・エンタープライズ

060 ジークエンス 360° ノート（Sサイズ）

綴じノートは、ノートが分厚くなるほど、やや開きづらくなるといった面もある。この「360°ノート」は、分厚い綴じノートでありながら、実に柔軟性に富んでいる。その秘密は綴じ部分にある。通常、こうしたノートの綴じに使われる糊は、乾くと固くなってしまうが、このノートの糊は、柔らかさが保たれている。これによりどのページを開いても綴じのノド元までしっかりと開き、リングノートのように半分に折り返すこともできる。200枚（400ページ）が綴じられているので、たっぷりと使える。表紙には質感の良いポリウレタンが使われている。マグネット式のしおり付き。［¥900、銀座・伊東屋］

このように折り返してもOK。Sサイズは、ほぼA6に相当する

柔軟性に富んだノート

06

ビジネスで活躍するノートカバー

ノートカバーといえば、ノートを保護し、同時に体裁を美しくするというのがこれまでの役割だったと思う。今やノートをいろんな使い方をするユーザーが増えているからなのだろうか、最近はそうしたことに加え、全く新しい機能を持たせたノートカバーが増えてきている。たとえば、たっぷりと入るペンケースを付属したり、2冊のノートがセットできたりなどだ。ノート（パッド）カバーは「デザイン+機能」で選ぶ時代になっている。

リングノートを折り返して使える

全体は３つのパネルから仕上がっている。真ん中には名刺ホルダーも

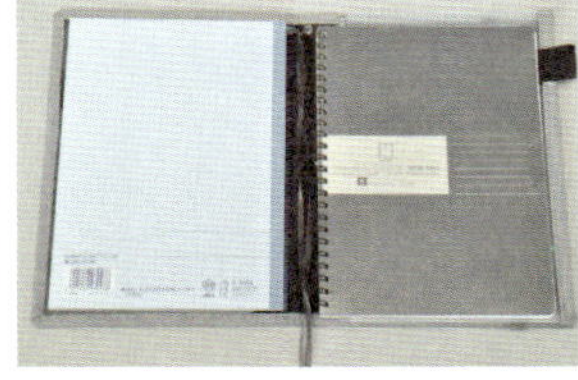

ツインリングノートが１冊セットされている。リングノート、綴じノートのほか、レポートパッドもセットできる（２冊まで）

折り返すとコンパクトに

ITEM 061

コクヨ

カバーノート〈SYSTEMIC〉（リングノートタイプ合皮 A5）

2冊のノートがセットできる「システミック」。今やビジネスパーソンの間でノートカバーの代表的なアイテムとなっている。これは、さらに進化を遂げたタイプ。2冊のうち1冊にリングノートがセットできる。リングノートの良さは、半分に折り返してコンパクトに使えるところだが、このノートカバーはそのリングノートのメリットをそのまま味わえる。構造としては、見開きプラスもう一面が開く作り。そこにリングノートをセットすることで、半分に折り返して使うこともできる。コンパクトサイズになるので、立ったまま書きとめるというシチュエーションでも威力を発揮する。スケジュール帳とノートをセットにするという使い方もありだ。［¥2000、コクヨ］

書いたページを
すぐにデジタル化できる

ITEM 062 キングジム
スマホでスキャンしやすいノートカバー（A5タテ型）

このノートカバーは、書きとめたページを専用アプリ「SHOT DOCS」でスキャンできる。嬉しいのは、付属のノートだけでなく、サイズが合えば、自分のお気に入りのノートも使えるところ。その秘密は、ノートカバーの縁にある黒い外枠と黒いしおりひもだ。スキャンしたいページの中央にしおりひもをセットして、背表紙にあるボタンでしおりひもがピンとなるよう固定する。こうすると、1ページが黒い外枠でグルリと囲まれる。あとはスマホで撮影するだけ。［¥1920、キングジム］

スマホで撮影すれば、紙面だけをスッキリデジタル化できる

付属のポケットを使って、名刺もスキャンできる

ITEM 063

LIHIT LAB.
SMART FIT カバーノート（A5）

CORDURA（コーデュラ）ファブリックというヘビーデューティな素材を使ったノートカバー。特長は表紙に備えられた充実のポケット群。ペンホルダー、その隣にはフタが付いた大容量のポケットがある。ここにはペンやスマホなども入れておける。そのすぐ上もポケットになっていて、ハガキサイズが収納できる。これだけのポケットがあれば、このノートカバーだけでおおかたの仕事はできそうだ。［¥1900、LIHIT LAB.］

内ポケットも充実。ツイストノート１冊が標準でセットされている

ペンケースはもういらない

スマホも入る
ノート

コードを通せるスロットも付いている。スマホを充電するときやイヤホンを使うときにも便利

ITEM 064 マークス
ストレージ ドット イット(ノートL)

このノートカバーの表紙にはスライドジッパー式の大きなポケットになっている。ポケットにはマチもあるので、ペンはもちろんスマホも収納できる。中に入れたスマートフォンは、カバーの外からでも操作できる。カバーの裏側にもメモなどを入れておけるポケットがある。付属のノートの中面は左ページが特殊方眼、右ページが罫線というのも面白い。図面と文章を書き分けられる。[¥840、マークス]

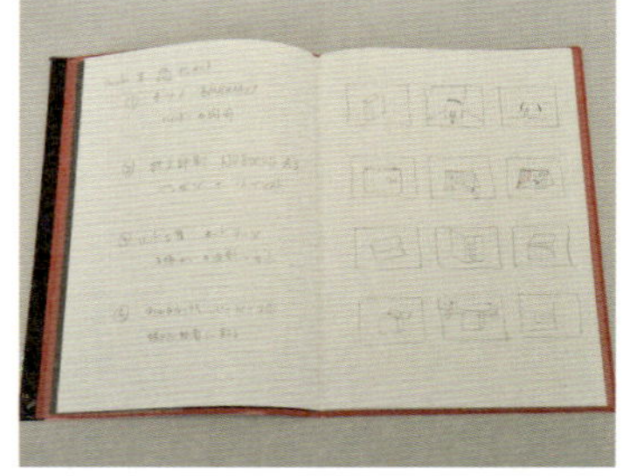

左右のページで罫線が違うユニークなフォーマット

ITEM 065 Beahouse

立つノートカバー(B5)

ノートにメモしたことをパソコンなどに入力するとき、机の上にベタッと置いたままだと、いちいちのぞき込まなくてはならない。パソコン画面と同じようにノートも立たせたほうが視線移動も短くて済み作業も断然スムーズに。この「立つノートカバー」は背の部分から脚が出てきて自立させることができる。もちろん、普段書くときはスタンドの脚はスッキリ収納される。[¥1800、ベアハウス]

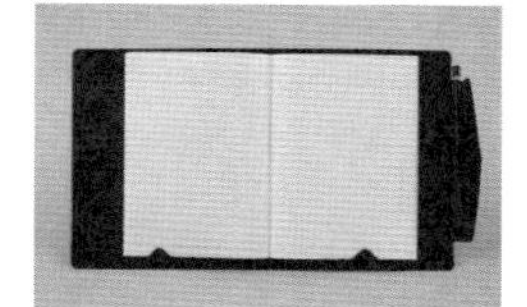

開いたページを固定できるストッパーが両側に付いている

背にあるボタンをパチンパチンと外して脚を出す

書く、見るを両立

ノートカバーに
入れても
段差ができない

ノートカバーにセットするときに、見返しを内ポケットに入れないのがコツ

ITEM 066 満寿屋
MONOKAKI（A5）

ノートカバーを使うときに、こんなことはないだろうか。1ページ目を書こうとしたらノートカバーの差し込み口のせいで紙面に段差ができてしまって書きづらいということが。その悩みを解決してくれるノートが「MONOKAKI」だ。ノートの本文ページに入る前の見返しというページが厚みのある紙でできている。これがちょうど下敷きのような役割を果たし、1 ページでも紙面をフラットにしてくれる。この見返しは巻頭だけでなく、巻末にも付いている。また、どこのページからも開きやすいよう、普通のノートよりも糸で綴じる紙の枚数を少なくして、束の数を多くしている。A5サイズで160ページ。満寿屋オリジナルの原稿用紙と同じ紙を使用しているので、万年筆でも快適に書いていける。［¥1000（無地）・¥1050（9mm 横罫）、満寿屋］

ITEM 067 abrAsus

Note Me

ライターの納富廉邦さんが取材用に考案した「Note Me」は、ノートカバーというよりノート用の画板といったほうが合っているように思う。ツバメノート社製の横長 A5 サイズの「Thinking Power Notebook ネイチャー」をセットして使う。ペンホルダーの位置がちょっと変わっていて、横ではなく上に付いている。実際に使ってみるとよくわかるが、ペンを取り出してから書き始めるまでの動きに無駄がない。また、書いているときにペンホルダーが手にあたることもなくとても快適。現場仕事などで立ったまま書くシーンの多い方には、とても便利なツールになると思う。裏面にはポケットも付いている。上質の牛革を使い、日本の熟練の職人がすべての加工を行っている。[¥8380、バリューイノベーション]

すぐ書き出せる大人の画板

右下にストッパーがある。携帯しているときにノートが開かないように固定でき、また筆記時にページを固定する役目も果たす

ミスコピーを格好良く持ち歩く

表紙が不要であれば、紙を綴じ込む前にあらかじめ表紙を内側に折り込んでおけばよい

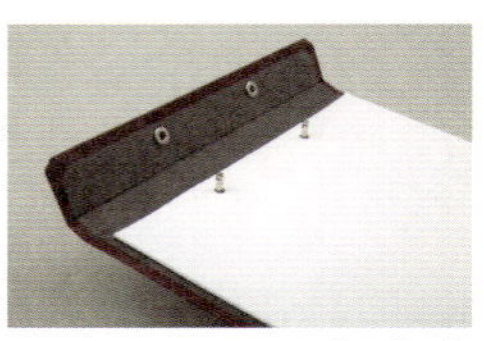

ミスコピーだけでなく、企画書や提案書を綴じ込んでもよい

ITEM 068 ポスタルコ
スナップパッド（A4）

日々、会社で大量に生み出されるミスコピーの紙。もったいないけれど、さすがに外で使うのはちょっとためらわれる。この「スナップパッド」は、そうした紙を格好良く持ち出せるアイテムだ。A4の紙を綴じる留め具には「スナップ」と呼ばれるボタンが使われている。洋服などにも使われているおなじみのものだ。ただ、このスナップパッドのスナップは少々変わっていて、凸側がとても長くなっている。ここに2穴パンチで穴を開けた書類をセットする。あとはパチンと留めればよい。気が利いているのは、表紙がついているところ。書き込んだ紙面にかぶせることができるので、外にも持ち出しやすくなる。［¥4500、ポスタルコ］

ITEM 069 TOTONOE

Report Pad Holder（A4）

一般に、ノートとは横にページが開くものを指し、対して「パッド」は上に綴じがあり、縦に開くものをいう。ノート代わりにパッドを仕事に愛用されている方も多いと思う。パッドホルダーというと、ブラックやブラウンなど落ち着いたカラーが多い中、この「Report Pad Holder」はブラック以外にクリームとレッドといった明るいカラーもラインナップされている。見た目のシンプルさのわりに機能面がよく考えられている。半分に折り返して使うとき、収納した紙の上側がヒラヒラとしてしまうことがあるが、これは上に小さな切り込みがあり、そこに差し込むと紙をビシッと固定できる。細かな部分だが、使っていく上で便利な機能だ。立ったままでの筆記をスマートに行える。［¥1900、コクヨ MVP］

カバーはボール紙にPPフィルムを貼った構造。とても軽量だ

07

スケジュール管理をスムーズにする手帳＆アシストツール

手帳は目標や予定など未来を管理するツールである一方、過去の自分を記録し、向き合うのに最適なツールでもある。最近は後者のほうが再評価されているようだ。考えてみれば、日々ものすごいスピードで時間が流れる現代において自分を見つめ直す機会というのは意外と少ない。手帳を使うと自分で書いた文字を通じて、そのときの自分に向き合うことができる。さすがのパソコンもこれは代替できない。世の中に数ある手帳の中で個性的な手帳、そして手帳を便利に使うアクセサリー類を紹介したい。

卓上カレンダー
×
手帳

カレンダーの裏ページは、ToDo リストになっている

タップリと書き込めるA5サイズ。月曜日始まりのシンプルなマンスリーフォーマット

ITEM 070 マークス
ノートブックカレンダー・マグネット

おそらく多くの方のデスク上には、卓上カレンダーがあるのではないだろうか。手帳を使っていても、ちょっと長期の予定を立てるときには、やはり卓上カレンダーは頼りになる存在だ。これは、手帳としても、そして、デスクカレンダーとしても使える一石二鳥的なアイテムである。リング綴じの手帳型で、表紙にはマグネットのフラップがあり、広げて折り返し、裏表紙にパタンとマグネットで固定させれば、卓上カレンダーとして自立する。デスク上で手帳を立てれば見やすく、場所も取らない。それでいて折りたためば、携帯もできる。[¥1100、マークス]

ITEM ダイゴー

071 ハンディピック＋DAYCRAFT カバー

今年で38年目を迎えるダイゴーのロングセラー手帳「ハンディピック」。この手帳の魅力は、単機能な手帳リフィルが豊富に揃っているところ。スケジュール帳には各種ウイークリー、マンスリーがあり、ノートも横罫から方眼、無地、さらにはタスク管理のものまで、いろいろなアイテムが用意されている。その中から自分の気に入った手帳やノートを選び、専用のカバーにセットして使う。綴じ手帳だが、まるでシステム手帳のようにカスタマイズして使いこなすことができる。自分の用途にしっくりとくる手帳がなかなか見つからないという方は、このハンディピックで自分仕様の手帳を作るのもいいと思う。このハンディピックにぜひ使いたいカバーがある。香港のステーショナリーブランド「DAYCRAFT」のものだ。ソフトな触り心地のポリウレタン素材で、さまざまなカラーが揃っている。[リフィル：¥130 〜、カバー：¥1600 〜、ダイゴー]

基本は２冊セットだが、オプションパーツの「プラスホルダー」というアタッチメントを使うと合計４冊もセットできる

綴じ手帳の「システム手帳」

２冊をセットしてもそれほど厚くならない。スーツの胸ポケットにも楽々入る

予定を一度に
俯瞰できる
気持ち良さ

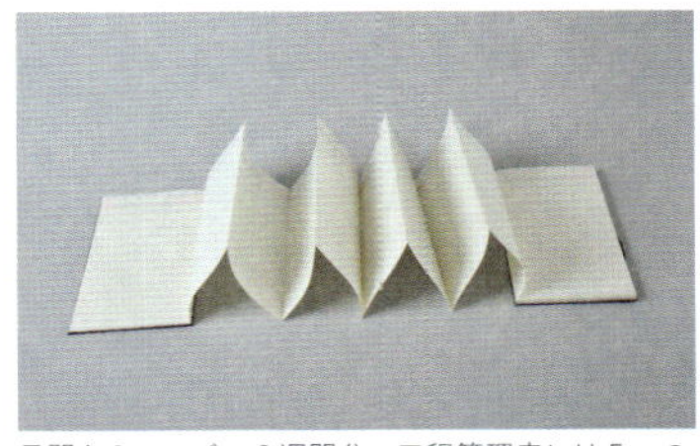

見開き2ページで2週間分。工程管理表には5つのプロジェクトが書き込める

ITEM 072

ディーブロス
クリエイターズダイアリー

通常の手帳は1週間や1カ月と、一度に俯瞰できる期間が限られてしまう。「クリエイターズダイアリー」はなんと最長で1年分が一気に俯瞰できてしまうというスグレモノ。手帳の作りとしてはジャバラ式で、紙面の上半分がウイークリーバーチカル、下半分が工程管理表（ガントチャート）になっている。さすがに1年分すべてを広げると相当長くなるが、2カ月、3カ月と自分の好きな期間に区切って俯瞰できるのは便利である。サイズはA5スリムの125mm×220mm。［¥2800、ディーブロス］

表紙にあるゴムバンドでページを留めておくと、しおりのようになる

ITEM 073 あたぼう

スライド手帳（壱式・A5判・レフト式）

システム手帳ユーザーの方に、オススメのリフィルを1つ紹介したい。このスライド手帳は、6穴のリング穴が1枚のリフィルの両端に付いている。リフィルは1週間が縦に流れるレフト式や、横に流れるバーチカルなど各種揃っている。いずれも1ページで1週間。つまり、見開きで2週間となるわけだが、両端の穴が本領を発揮するのは1週間が終了したときだ。普通ならページをめくるところだが、これはリングを外して右ページにあったリフィルを左ページに移し替える。両端にリング穴があるので、こうした入れ替えもスムーズ。こうすると再び左ページに今週、右ページに来週の予定というスタイルになる。つまり、常に右ページに来週が見えているというスタイルが保たれる。来週の予定をチェックしながら今週の計画を立てるというのは、結構よくやることだ。それが同じ視線でできてしまう。15週分から販売されている。
［¥429 〜、あたぼう］

単に水平にスライドさせればOK

来週を見すえながら予定をチェック

月 w
MON 月
TUE 火
WED 水
THU 木
FRI 金
SAT 土
SUN 日

市販のシステム手帳にセットできる

横と縦で
2通りの予定を
書き分ける

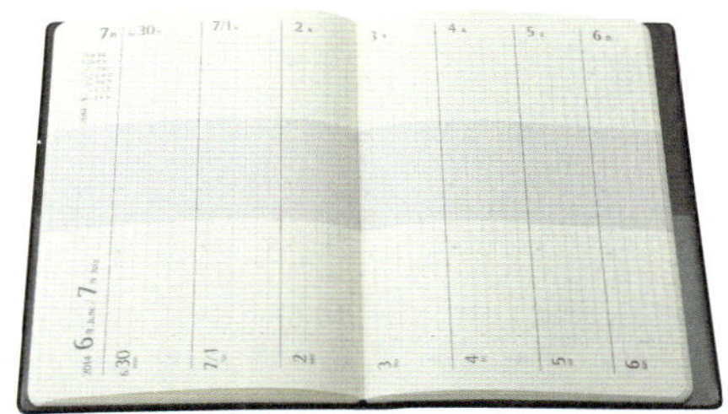

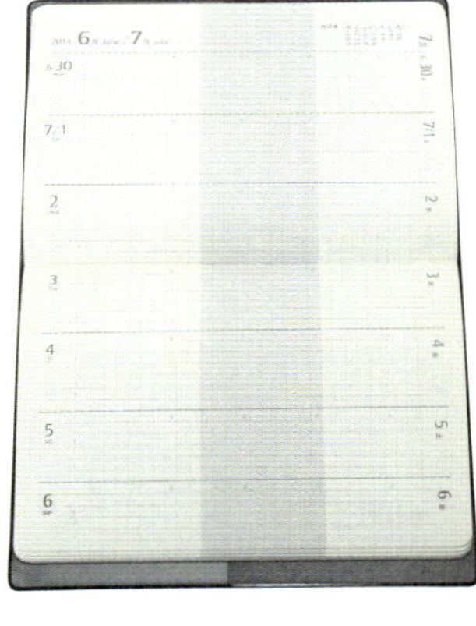

横向きと縦向きで記入スペースを使い分けられる

ITEM
074 ロンド工房
ブラウニー手帳

手帳には仕事の予定のほか、プライベートの予定など、さまざまなことが書き込まれていく。「ブラウニー手帳」は1つの紙面にこうした2種類の予定をスッキリと書き分けられるものだ。手帳を普通に横に開くと、曜日が横に流れるウイークリーバーチカルになっている。時間軸は9 〜 18時まで。そして、その手帳を時計回りに90度回転させると、今度は曜日が縦に流れるレフト式に早変わりする。1日の記入スペースを縦、そして横に使い分けられるというわけだ。当然その1日の記入スペースに縦書きと横書きが混在することになるが、これが意外とスッキリ見える。1つの紙面で2種類の予定をきっちりと分けたい方にオススメ。大きさは文庫本と同じA6サイズ。
［¥2400、ロンド工房］

財布に収まる
スケジュール帳

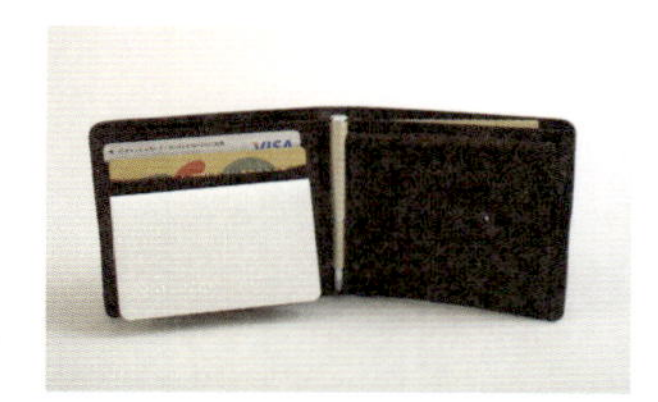

財布のカードポケットに手帳の後側だけセットしておくと、いちいち取り出さなくても、そのままページを開くことができる

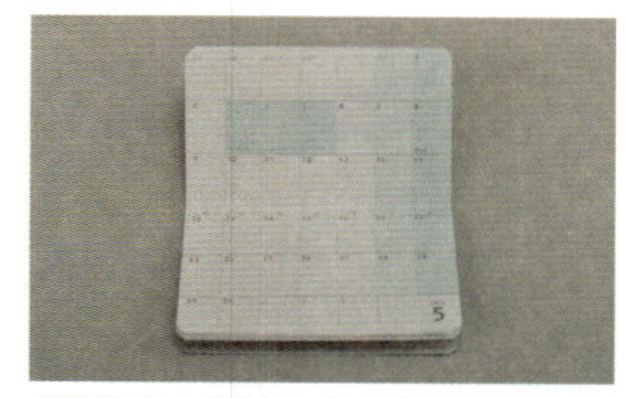

見開きで１カ月分のレイアウト

ITEM 075 レイメイ藤井

カードサイズダイアリー

クレジットカードサイズの超コンパクト手帳。小さいながらも記入スペースもまずまず確保されている。表紙を縦に開くと見開きで1カ月のマンスリーカレンダーになっている。特長は曜日があえて、手帳の綴じ部分にあるところ。そもそも綴じ部分は記入しづらい場所。そこを曜日にすることで、記入スペースを生み出している。小さくとも6週対応の本格派。［¥400、レイメイ藤井］

ITEM 076 ニチバン

マイタック ラベルリムカ ML-R6

ノート術を紹介したベストセラーの『「結果を出す人」はノートに何を書いているか』（Nana ブックス）の著者、美崎栄一郎さんから教えていただいたツール。これは、小さなラベル。美崎さんは予定の一部をこのラベルシールで管理しているという。直接手帳に書かずに、何ゆえわざわざラベルに書いて貼っているのか。それは、予定をパソコンのように「ドラッグ＆ドロップ」できるようにするためだ。ラベルに予定を書き込み、スケジュール欄に貼る。もし予定を変更する場合は、そのラベルを剥がして、貼り替えればよい。このラベルは貼って剥がせるタイプなので、キレイに剥がすことができる。また美崎さんは、毎月（週）定期的に行う予定はあらかじめラベルに書き込んでストックしておいて、貼るという使い方もしているという。
[¥200、ニチバン]

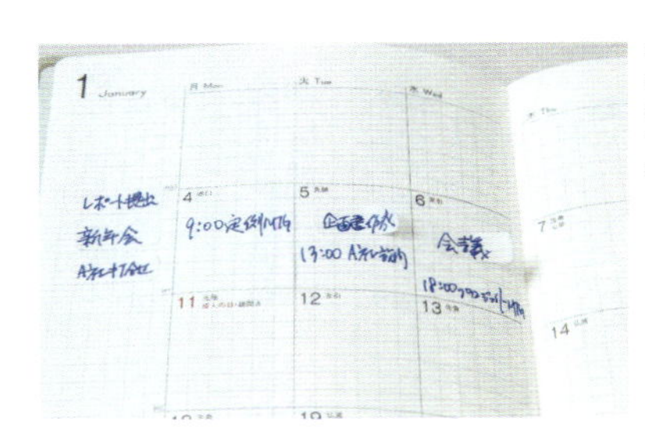

手帳に最適なコンパクトサイズのラベル。キレイに剥がせるので、まさに手帳上で「ドラッグ＆ドロップ」ができる

手帳上で予定を ドラッグ＆ドロップ

ITEM 077 pen-info

時計式ToDo管理付せん

スケジュール管理の中で、実はやっかいなのがToDo管理。いまや私たちの仕事のほとんどはこのToDo（タスク）で構成されていると言ってもいいくらいだ。この「時計式ToDo管理付せん」は、私が自分のために考案したもの。2つの時計の文字盤に今日やるべきToDoを直接書き込んでいく。リストに書くのと最も違うのは、1つひとつのToDoを所要時間を加味して書き込めるところ。たとえば、30分で済むメール返信、1時間かかる企画書作成など、面積を明確に分けて書き込むので、本当に1日でできることしか書けない。それによって、ToDoの積み残しというイヤな気分を味合わなくて済むようになる。［¥500、pen-info］

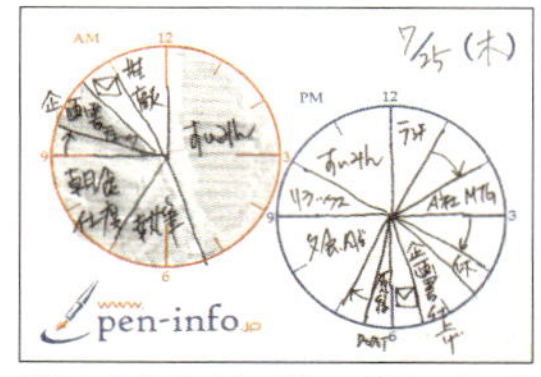

終了したToDoは、グレーのマーカーや色鉛筆で塗りつぶす

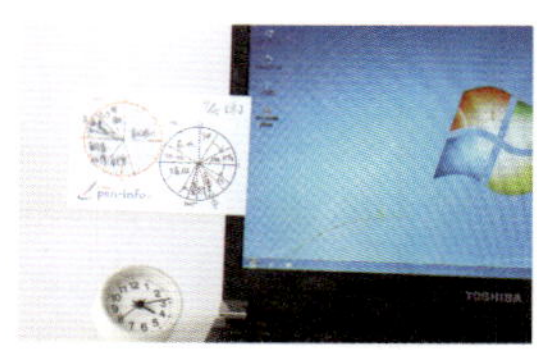
パソコンのモニターなど仕事をしているときに目に入るところにアナログ時計とともにセットするのがオススメ

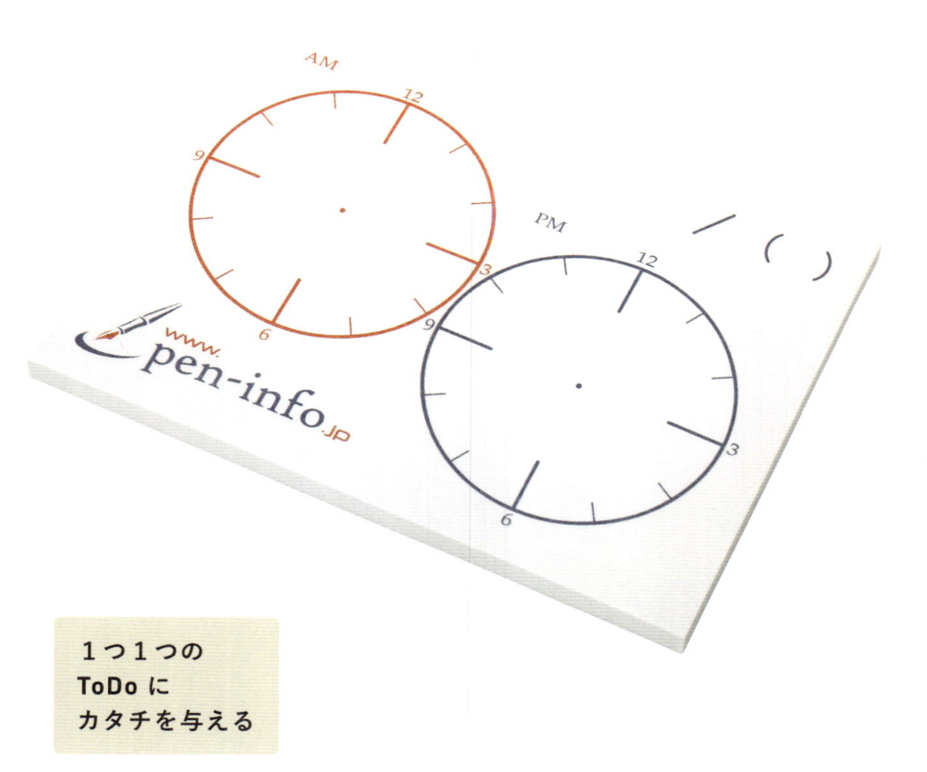

1つ1つのToDoにカタチを与える

目立たせ、下の文字も読める

ITEM 078 STÁLOGY

マスキング丸シール

予定の中には企画書の提出期限や出張、プレゼンの日など、とりわけ目立たせておきたい日がある。私は手帳のそうした日付の上にこのマスキングシールを貼っている。色の付いたペンで丸をするよりもステッカーを貼ったほうが目立つ。手帳紙面にステッカーという異物があるからだろう。ちなみに、すぐに貼り付けられるよう、私は手帳の巻末にあるノートページにマスキングテープで留めている（上側だけ）。ポケットにしまうと、そのつど取り出す必要あるが、こうしておくと、すぐに貼れる。［¥150 〜 350、ニトムズ］

日付の上に貼ると、特別な日であることが一目でわかる

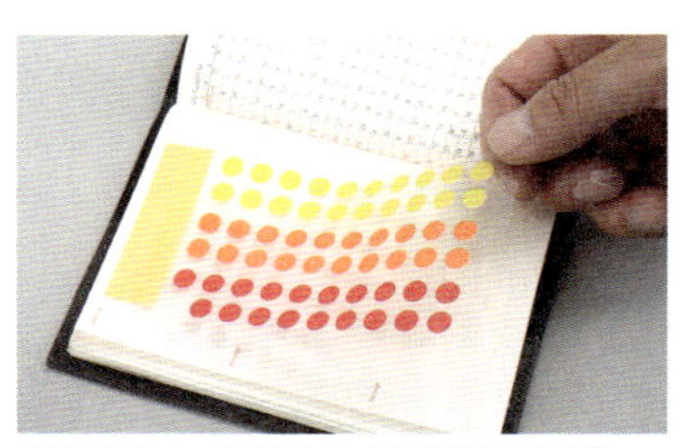

手帳の巻末ページに留めて、常に携帯すると便利

ステンレス製で薄くて軽いので、手帳のポケットに挟んでおくことができる

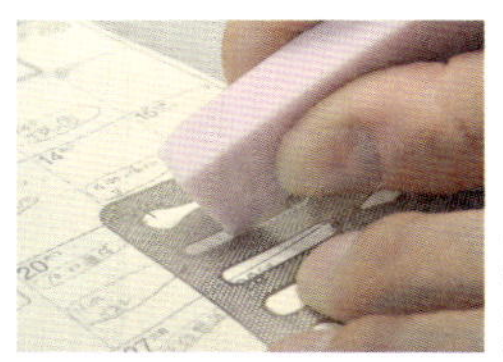
メッシュなので下の文字が透けて見え、位置決めがしやすい

ピンポイントで消す

ITEM 079 ステッドラー
メッシュ字消し板

字消し板とは、もともとは製図で細かな文字や線だけを消しゴムで消すときに、これをかぶせて他の部分を誤って消さないようにするためのものだ。製図に限らず、手帳も細かく書くことが多いので、これは大いに使える。[¥300、ステッドラー日本]

スケジュールのチョイ消しに

ITEM 080 ぺんてる
アインサラ

横から見ると、薄さがわかる

薄さ4.5mmというスリムな消しゴム。細かく書いた予定のチョイ消しをするのにちょうどよい。5mm方眼に書いた小さな文字もキレイに消せる。この薄さなら、手帳のポケットに入れておいてもいいかもしれない。[¥100、ぺんてる]

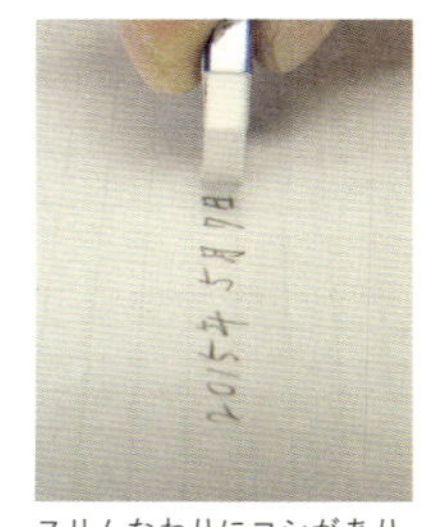
スリムなわりにコシがあり、消し心地もなかなか

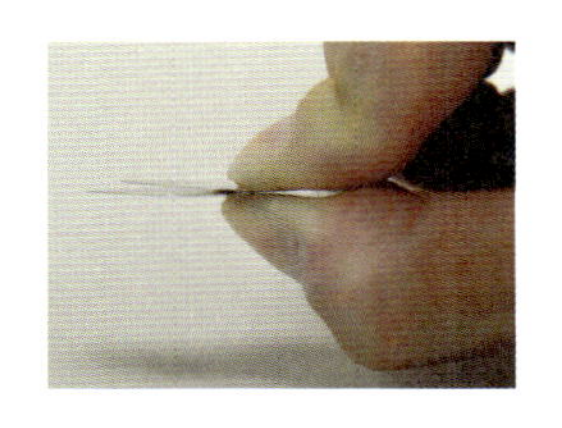

私が使っているマンスリー手帳では、過去のページをまとめて留めている

ITEM トーキン
081 プッチンクリップ

私が手帳用のしおりとして愛用しているメタルクリップ。中央の丸いところを指で押し込むと、パッチンと音を立てて先端が広がって、付け外しがしやすくなる。普通紙なら20枚まで綴じられるという。使っている手帳の種類にもよるが、しおりは1日、1週間、1カ月ごとに移動していく。付け外しがしやすいのはストレスフリーでいい。それでいて、固定すれば簡単には動かないし、そこそこフラットにもなる。[¥208、トーキン]

マグネットで紙の両側からしっかり固定する

ITEM ミドリ
082 インデックスマグネットマーカー

手帳には、大抵すでにひも状のしおりが付いている。それとは別にもう1つしおりが欲しいというときは、このマーカーが便利。マグネット式になっていて、ページを挟み込むようにセットできる。ちょうど付せんのようにページからインデックスが飛び出すので、ページへのアクセスもスムーズだ。[¥400、デザインフィル]

ITEM 083
ぺんてる
シュタイン替芯 0.5mm HB HARD

私は手帳への記入はずっとシャープペンにしている。理由は細かく書けて消せるから。消せるボールペンもあるが、あえてシャープペンにこだわっているのは、シャープペンで書いた文字を消したところは、わずかに凸凹していて光の加減で何が書いてあったかがうっすらわかるから。私が使っているのは、文庫本サイズのカレンダータイプ。1日の記入スペースは切手1枚分くらいしかない。そこに2～3個の予定をしっかり書き込めるように、使う芯を工夫している。細かく書くには、より芯が細い0.4mmや0.3mmにする方法もあるが、芯の硬度を上げるという手もある。私が愛用しているのは、0.5mmの「HB HARD」というタイプ。通常のHBよりやや硬めの書き味。硬い分、少々細い筆跡で書くことできる。細かく書いても文字がつぶれないのがいい。シュタインは、折れにくい特殊構造でありながら、紙面への定着を両立させている。[¥200、ぺんてる]

細い筆跡で読みやすく

細かく
書き込める

ITEM 084 アルスコーポレーション

ポケットセクレタリ

一般にハサミは紙をはさんで切るものだが、これはそれに加えて手帳のすき間にはさんでおける実に「はさみ」「はさまれ」上手なハサミだ。その薄さ、わずか1.8mm。ちょっとした定規くらいしかない。大きさもクレジットカードくらいなので、手帳のポケットにそっと忍ばせておける。こんなに薄く小さくても、ハサミとしての機能はしっかりと備えている。では、手帳にこのハサミを入れて、日々どのように活用すべきか。これがいろいろと使いでがある。たとえば、最近の手帳の中でもよく見かける、ページの角を切り取って、しおり代わりにページを開きやすくするとき。または、気になる記事を見つけたとき、などなど。カッターと違って、ハサミはカッターマットを必要としないので、場所を選ばず使うのにとても適している。[¥800、アルスコーポレーション]

手帳に挟み込んでおけるハサミ

とても薄いので、収納しても手帳が分厚くならないのが良い

ITEM 085 ロンド工房
カードリッジ

これは名刺を3枚程度収納できる専用ケース。なにもこうしたケースにわざわざ入れなくても手帳の巻末にあるポケットに直接差し込んでおけばと思うかもしれない。しかし、想像してみてほしい。手帳のポケットや財布などから名刺を取り出して、相手に差し出すという行為を。ちゃんと名刺入れを使っている相手の方からすると、きっと違和感を覚えるはずだ。この「カードリッジ」は紙製とはいえ、パッと見では十分名刺入れである。手帳のポケットから直接名刺を取り出して交換するよりずっと自然だ。実際に私も急遽名刺交換のタイミングがあり、このカードリッジで乗り切ったことが何回もある。［¥500、ロンド工房］

手帳のポケットに入れておくのがオススメ

名刺収納部分は、2辺が開放されているので、名刺が取り出しやすい

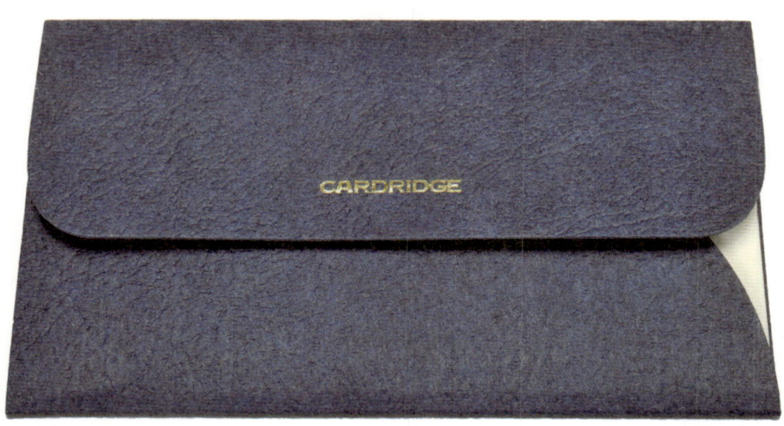

名刺が入っているかが外からわかる

名刺入れを
忘れたときに
助かる

テープと剥離紙を同時に引き出す

ITEM **086** フィルムルックス

ペーパーエイド

手帳を使っていると、誤って紙面を破ってしまうことがある。このテープは、もともと図書館や古書店でページ破れの補修をするときに使われるプロ用ツール。23ミクロンというとても薄い半透明テープ。紙面に貼ると貼った跡がわからなくなるほどすっかりなじんでしまう。このテープは中性紙ということで手帳の紙と同じなので、その点でも相性が良い。シャープペン、油性ボールペン、ゲルインク、万年筆でも上から書いていける。ゲルインクと万年筆の水性系インクは、筆跡がやや太くなる。[¥980、フィルムルックス]

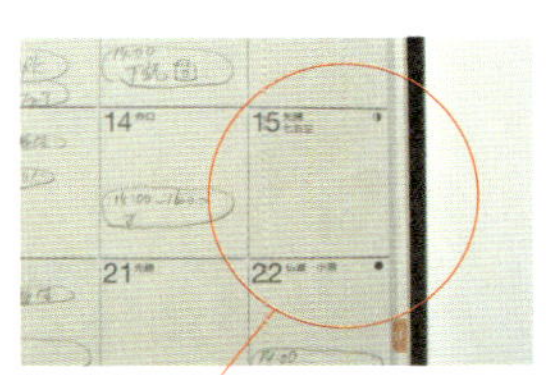
修復したところ

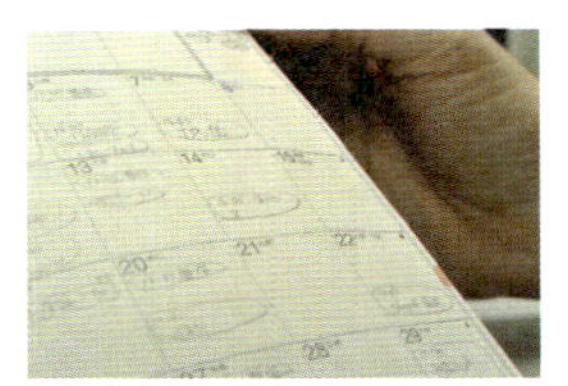
とても薄いので、ページのめくり具合も変わらない

08

仕事がはかどる
名刺管理ツール

仕事をしていくと、どんどん増えていく名刺。その管理に頭を悩ませている人は多いだろう。名刺管理で私が一番重要視しているのが、探している名刺がすぐに見つかること。整理のための整理ではなく、見つけやすくするための整理でなくてはならない。名刺情報にアクセスできるという点では、そもそもすべての名刺を管理しなくてもよいのかもしれない。今や名刺情報はメールでやりとりしていれば、署名に記載されている。本当に必要な名刺だけに絞るという作業も大切だと思う。その厳選した名刺をスムーズに管理できる各種ツールをセレクトしてみた。

名刺のスキャンと閲覧が１台に

ITEM 087 キングジム
メックル

見た目はダイヤルをクルクルと回す「ローロデックス」のようなこの「メックル」。アナログとデジタル双方のいいとこ取りをしている。名刺の登録方法は、本体上部の挿入口から名刺を差し込む。すると、名刺情報がスキャンされる。1枚ずつのスキャンとなるが、わざわざ重いスキャナーを持ってくる必要もなく、すぐにできる便利さがある。スキャンしたデータを五十音順や登録日順など、あとで探しやすいフォルダを選択して保存する。特に取扱説明書とにらめっこしなくても直感だけで操作できてしまう。保存した名刺データは、ダイヤルをクルクルと回して探していく。このとき、液晶モニターにはダイヤルで回した感覚そのままに名刺が次々に表示される。名刺の片面のみをスキャンした場合、約5000枚も取り込める。一生分の名刺は十分管理できそうだ。［¥27000、キングジム］

本体で直接スキャニング。モニターはカラーなので見やすい

ダイヤルはカチカチというクリック感がある。それに合わせて表示も１枚ずつ切り替わる

ITEM 088 コクヨ

名刺ブックα〈ノビータα〉（追加式）

名刺管理の定番アイテムであるファイル。この「名刺ブックα」は、ファイルをベースにさらに便利さを追求している。通常の名刺ファイルページの他に「名刺 CamiApp 読み取りシート」が1枚付いている。名刺が8枚収められるようになっている。ここに名刺をセットし、アプリを入れたスマホで撮影すると、デジタル化できてしまう。この商品のすごいところは、一度に複数枚撮影しても、データは1枚ずつ分かれて保存されていくところだ。［¥1210、コクヨ］

アナログ管理とデジタル管理双方に対応

データの保存先をエバーノートなどにすることもできる

ファイルは「ノビータα」スタイルなので、「ファイルα」というページユニットを抜き差しして、自由にページの増減ができる

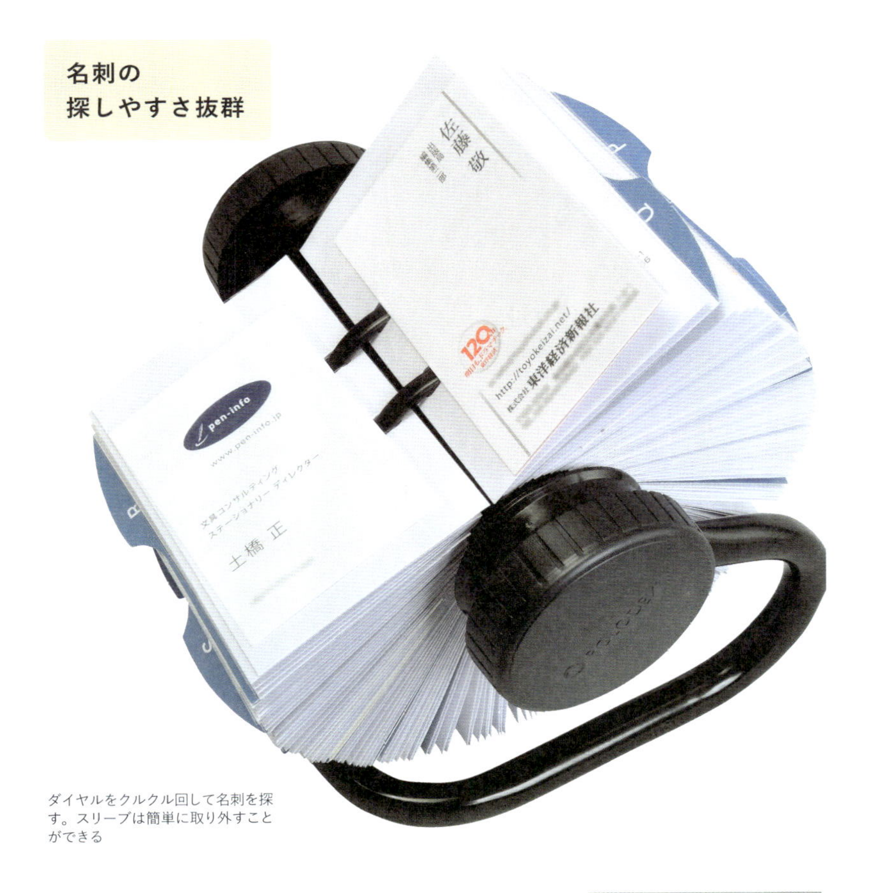

ダイヤルをクルクル回して名刺を探す。スリーブは簡単に取り外すことができる

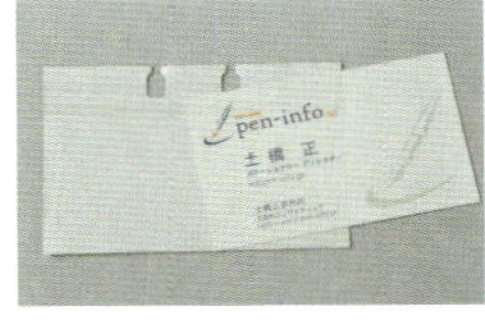

スリーブの両面に名刺が入れられる

ITEM 089 ローロデックス

ローロデックス(400枚用)

クルクルとダイヤルを回す名刺ホルダー「ローロデックス」。私は会社に勤めていたときに愛用していて、多いときは、3台も使っていたこともある。最大のメリットは名刺の探しやすさだ。ファイル式より断然探しやすい。また、スリーブと呼ばれるホルダーには最大5枚の名刺を差し込んでおける。たとえば、同じ会社の人の名刺を1つのスリーブに入れておくことも可能だ。このスリーブは付け外しが自由なので、外出する際にスリーブごと外して持ち出すという使い方もできる。[¥7800、オリエント・エンタプライズ]

とりあえずの
名刺仕分けに

オレンジ、ピンク、イエロー、グリーン、ホワイトの5色がセットされている

束ねる名刺の枚数にもよるが、数枚程度なら横方向にしか巻きつけられない

ITEM 090 銀座吉田

E. P. BANDS（輪ゴムサイズ）

出張先などで、本格的な名刺整理をする前にとりあえず大まかに名刺を仕分けしておこうというシーンで、この「E. P. BANDS」は使える。鮮やかなカラーの輪ゴムのようだが、素材はゴムではなく、エラスチック・ポリウレタン。帯状になっているので、名刺を束ねたときのインデックスとしてもほどよく目立つ。[¥200、銀座吉田]

ITEM 091 リプラグ

Log book

この「Log book」は名刺ファイルというよりも、名刺アルバムといったほうが合っていると思う。中のページは紙製で、名刺はポケットではなくスリットに差し込むスタイル。名刺を入れたすぐ横にはメモ欄があるので、いろいろとコメントが書き込める。さらにユニークなのは、ファイルの製本がゴムバンドだけで綴じられているところ。簡単に外せるので、ページの入れ替えもできる。また、この製本はページがフラットに開くため、書き込みがしやすいというメリットもある。[¥1400、テイ・ディ・エス]

各シートには名刺用のスリットとメモ欄が設けられている

書き込みができる名刺ファイル

ゴムバンドで製本され、20シートで合計120枚の名刺が整理できる

名刺の側面を貼り付ける

名刺の厚みによるが、最大で40枚くらい収納できる

ITEM 092 日吉パッキング製作所

ハリトレー（タイプ01）

「ハリトレー」は、最終的な保存というよりも外に持ち出して閲覧するというシーンに最適。たとえば、現在進行中のプロジェクトにかかわる名刺を入れておくときに活躍してくれる。名刺入れほどの小さなファイルを開くと、内側の綴じ部分にシールの剥離紙がスリット状にカットされている。そのうちの1枚を剥がしてそこに名刺の側面を貼り付ける。これだけで名刺はしっかりと固定でき、しかも、本のページのようにパラパラとめくることもできる。一度貼り付けた名刺は外したり、さらにまた貼り付けたりもできる（約100往復まで）。［¥680、日吉パッキング製作所］

剥離紙を1枚ずつ剥がして粘着面に名刺をセットする。貼り付けた名刺は逆さにしても揺すっても外れることはまずない

ITEM
093
シヤチハタ
Xスタンパー 回転日付印（欧文日付5号）

整理した名刺を探すとき、意外と重要なのが、相手といつ会ったかという情報。これだけでも明記しておくと、いろいろな記憶が呼び起こされる。この「回転日付印」は「'15. 4. 15」という必要最小限の日付スタイルのスタンプ。ダイヤルを回して日付をセットする。インキが内蔵されているのでポンポンとすぐ押せる。手で書くよりもキレイに表記できるので、あとで名刺を検索するときもスムーズだ。[¥2400、シヤチハタ]

くっきりと名刺に押印できる。インキの色は黒・赤・青の3色から選べる

名刺に
日付を入れる

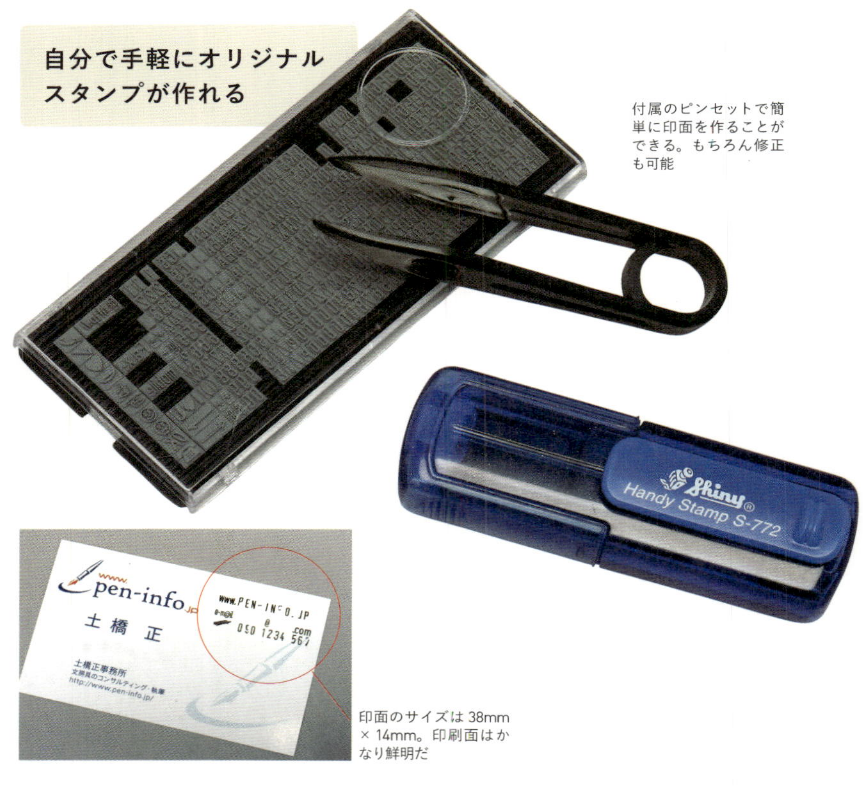

付属のピンセットで簡単に印面を作ることができる。もちろん修正も可能

印面のサイズは38mm × 14mm。印刷面はかなり鮮明だ

ITEM 094 シャイニー

ハンディスタンプ DIYセット（S-772）

これは名利管理ツールではなく、名刺を少しカスタマイズするもの。自分で簡単にできてしまうオリジナルスタンプのキット。ブロック状のアルファベットと数字、記号のゴム印がある。それをピンセットを使って印面に埋め込んで、自分だけのスタンプを作っていく。たとえば、個人用のメールアドレスや携帯番号などを入れてみるのもよいだろう。本体にインクパッドが内蔵されており、キャップを外してスライドさせるだけで、中に折りたたまれた大きな印面とインクパッドが飛び出してくる。つまり、これ1つだけ持っていれば、スタンプ台は不要となる。会社の名刺を渡した後に、これはという人には、このスタンプを押してプライベートのメールアドレスを伝えるといった使い方ができる。［¥1400、スタンテック］

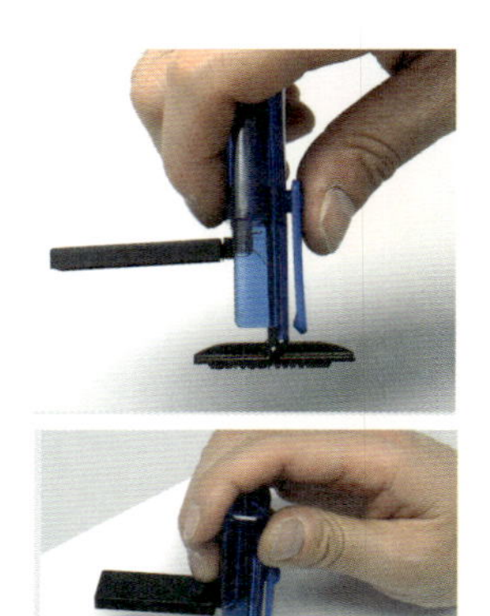

インクパッドを内蔵しているので、キャップを外してスライドするだけで、すぐにスタンプを押すことができる

BLUE
Par Avion
12
How to use
WAIT!
POST

09

快適に仕事ができる
デスク整理アイテム

日々の仕事を効率良く進めていくために、使い心地の良い文具を使うのはとても大切だ。それに加え、それら文具のパフォーマンスを上げる意味で、デスク環境を整えることも重要である。デスクは、文具が活躍するためのステージでもある。デスク環境を整える上でまず意識すべきなのは、「デスクは書類などの置き場所ではなく、仕事をする空間である」ということ。そのためには、必要なものを厳選し、適切な位置に置く。私が常日頃意識しているのは、パイロットが操縦する場所であるコックピットである。コックピットには無駄なものは1つもなく、すべてが見やすく、しかも手の届きやすいところに配置されている。デスクもこのようにしていくことが理想である。

必要なペンが
すぐ取れる

ITEM 095 カール事務器
ツールスタンド（P-202）

机の上でペンを入れておくカップ（コップ）状のペンスタンド。ペンを入れるという点では、ひとまとめにできてよいが、必要なペンを取り出すということでは不満点がある。ペンがスタンドの中で常に動いてしまうので、取ろうとするときには、いつもガサゴソ探さなくてはならないからだ。この不満を解消したのが、このツールスタンド。ペンを3段それぞれに斜めにセットして、手の届きやすい側に使用頻度の高いペンを順に並べていく。ペンの定位置を決め、使い終わったら元の場所に戻す。これだけでガサゴソはなくなり、一発で欲しいペンを取り出せるようになる。1回のガサゴソは、ほん数秒でも、度重なると結構な時間のロスになってしまう。［¥1350、カール事務器］

セットできる本数は20本ほどに限られるが、むしろそれくらいで日々の仕事は十分こなせる

ITEM 096 TOTONOE

Clip Box（A4）

いくつものプロジェクトを並行して抱えている人は、プロジェクトごとに書類をファイルボックスに分けて管理していることも多い。ここで重要なのは、それぞれのファイルボックスにしっかりとタイトルをつけることだ。とりあえず、と付せんでタイトルをつけていると、いつの間にか剥がれている、なんてこともある。この「クリップボックス」はタイトルをつけやすいように、あらかじめクリップがついている。ここにプロジェクト名などをメモ書きした紙を挟んでおけば、タイトルづけは完了だ。[¥2000、コクヨ MVP]

タイトルをつけることがファイリングの第一歩

クリップで留めるだけの簡単取り付けなので、
これなら忘れずにタイトルづけができる

引き出し整理の
救世主

ITEM 097 アスクル

引き出し整理ボックス 薄型アソート

デスクの引き出しで最もよく使うのは一番上の段だ。そこには、ペンやホチキス、ハンコ、クリップといった細々としたものいろいろと入れて散らかりがちだ。あらかじめデスクに備えつけの小分けトレイもあるが、サイズが決められていて、あまり使い勝手が良くない。これは、その小分けトレイのサイズを、内側の仕切り板を移動させることで自由に調整できるスグレモノ。トレイ自体のサイズは3種類（大1個、中2個、小2個）あり、仕切り板を動かせるだけでなく、サイズの違うトレイ同士の組合せも自由自在だ。［¥808、LOHACO］

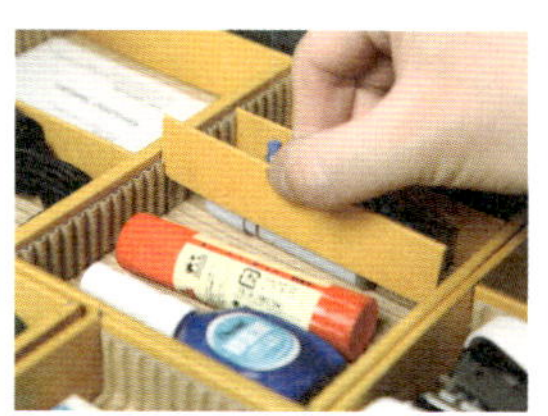
トレイを組み合わせ、仕切り板を調節することで、引き出しの中の細かな物がぴったり収まる

それぞれのサイズに合った保管場所が作れる

カテゴリーに例外ができないファイル

各ページの空気穴のおかげで、書類のくっつきを防いでくれる

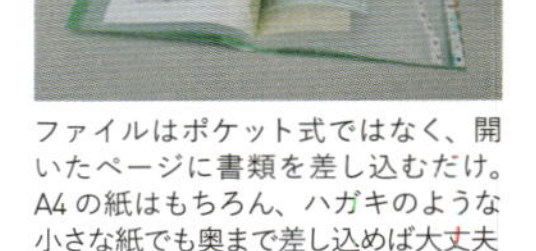

ファイルはポケット式ではなく、開いたページに書類を差し込むだけ。A4の紙はもちろん、ハガキのような小さな紙でも奥まで差し込めば大丈夫

ファイルを閉じれば、逆さまにしても書類が落ちることはない

ITEM 098

LIHIT LAB.

AQUA DROPs スケジュール&仕分けファイル

ファイリングで一番やっかいなのは、カテゴリーがどんどん増えていくこと。そんなときにやってしまいがちなのが、「その他」というカテゴリーを作ることだ。ついつい何でもかんでも「その他」に入れてしまい、あとで探しづらくなるという事態に陥る。このファイルは、「カテゴリー」ではなく、「日付」で管理をしていく。「その他」をそもそも作ることができない。ファイルを開くと、1から31まで日付ごとにページが分かれていて、それぞれのページに書類が収納できる。すべての書類には必ず期限がある。一見、期限がなさそうなものでも、自分で便宜的に期日を設けて、日付ごとに管理してしまえばよい。あとはその日のページをチェックするだけ。通常のカテゴリー分けファイルと違い、自動的に月に1度は書類をチェックできる。デスクの上に散らかりがちな書類をまとめて管理でき、これを使うとまるで書類が毎日ベルトコンベヤーに乗って順番にやってくるような快適感を味わえる。[¥2200、LIHIT LAB.]

ITEM
099 銀座吉田
ワイヤーディスプレイスタンド（ダブル）

私はデスクで手帳をスタンドに立てている。パソコン仕事の視線のまま、目だけを横にずらせばスケジュールチェックができるからだ。机の上にベタッと置いたときより、視線移動ははるかに少なくてすむ。日々何度となく行うスケジュールチェックだからこそ、スムーズに行いたい。このスタンドは、もともとは売り場で本などの商品をディスプレイするものだが、手帳スタンドとしても十分使える。角度の微調整もできる。［¥860、銀座吉田］

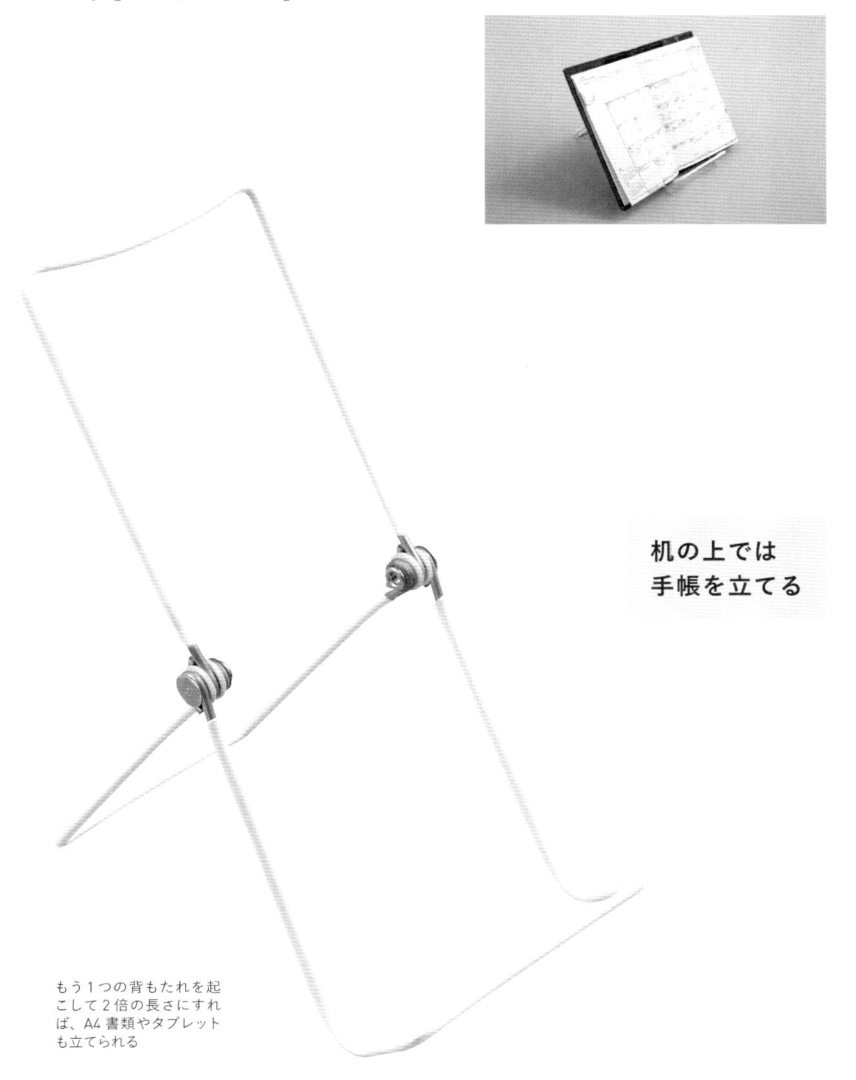

もう1つの背もたれを起こして2倍の長さにすれば、A4書類やタブレットも立てられる

ITEM 100 SQUAMA
PANTA

デスクの上で場所を取りがちなものの1つに、書類がある。ちょっと油断をして平置き、つまり、そのままベタッとデスクの上に置いてしまうと、書類はいつの間にか山となり、どんどん高くなっていく。本もそうだが、書類は平置きではなく立てて置くほうが場所も取らないし、取り出しやすい。このブックエンド「PANTA」は、本だけでなく書類も縦置きできる。ブックエンドというと両側から支えるものが多いが、これは片側しかない。それを実現させているのが12度という絶妙な傾き。ナヨッとしがちな書類もシャキッと立てかけられる。[¥3600、SQUAMA]

底面部分にはザラザラした加工がしてあり、書類が滑りにくい。書類だけでも立てられるが、クリアファイルに入れると、より安定する

12度の傾きで書類やファイルを立てる

机の上から
付せんの姿をなくす

ITEM 101

スリーエム ジャパン

ポスト・イット 強粘着ポップアップノート ディスペンサー付き

付せんにメモを書きとめようとするときは、たいてい急いでいるものだ。これはそんなときに役立つ。この付せんはディスペンサーにセットされていて、ティッシュペーパーのように次々と、しかも片手で取り出せる。固定用の粘着テープが付属されており、私はデスクの裏面に貼り付けて固定している。右利きの私はデスクの左側の裏面にしている。手を伸ばすだけで付せんが取り出せる。机の上から付せんも片づいて一石二鳥だ。[¥570、スリーエム ジャパン]

1枚引き出すと、次の付せんが引き出され、常に取り出しやすい

ディスペンサーは、付属の粘着シートでしっかりと固定できる。デスクの側面や裏面に貼ることもできる

ITEM 102 キングジム

ニュートラル ボックス（XL）

いくつもの段ボールを前に、あのファイルどこに入れたっけ？　と途方に暮れたことがあるという方、このボックスを取り入れてみるとよいかもしれない。ボックスに3桁の番号を書き込み、それを専用アプリ「デジタルタグ」に入力して箱の中をパチリと撮影しておく。あとはボックスをいちいち開けなくとも、ボックスにある番号をアプリに入力するだけでスマホ上で箱の中の画像が確認できる。[¥1300、キングジム]

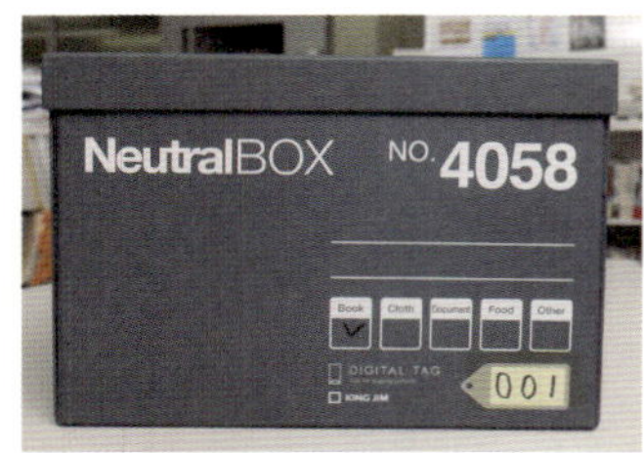

箱には梱包物の分類とタグ番号を記入する

専用アプリで番号を合わせて、写真を登録する

箱を開けずに
中身を確認

グリーンの側がニット面で、クリーム
色の裏面がテックス（織り地）面

机の上はグリーンの面で拭き、裏のクリーム色の面は、
ガラスやステンレス用。パソコンのモニター拭きに最適

ITEM 103

MQ Duotex
ダブルクロス
（グリーン／クリーム）

このどこにでもありそうなクロス、実際に使ってみて驚いた。このクロスは洗剤やクリーナーを一切使わずただただ水で拭くだけでキレイにできる。デスクの上に霧吹きなどで水をかけ、グリーンのフサフサした面で拭いていく。鉛筆で汚したところやベタベタしたところも面白いようにキレイになっていく。見た目のキレイさはもちろんのこと、手触りも机本来の状態になる。クロスの表面の細かな繊維に秘密がある。このクロスはスウェーデン生まれで、医療機関でも採用されているという。私は毎日仕事が終わると、これでデスクをキレイにして事務所をあとにしている。洗剤を使わないので、においやベタつきもなくスッキリキレイにでき、翌朝仕事を始めるときの気分も良くなる。［¥1500、エコンフォート］

10

A4書類を快適に持ち歩く

スマートフォンやタブレット、さらにはクラウドの進化に伴い、さまざまなものがデジタル化され、どこにいても必要な情報にアクセスできるようになった。とはいえ、紙の書類がゼロになったかというと、そうではない。大半はデジタル化されているが、紙にしたほうが便利というシチュエーションはまだまだある。私の場合でいえば、未完成の資料や原稿は必ず紙にプリントアウトする。未完成でまだ手を加えるものは、「つかみどころ」のある紙にしたほうがコントロールしやすい。紙の書類が少なくなってきているからこそ、書類の携帯には今まで以上に気を配りたいものだ。小技の利いたA4書類のケース類をいろいろとセレクトしてみた。

A4サイズのジョッター

上部にはペンホルダーがついている

書類入れはボタンで完全に固定されるので、落ちることがない

ITEM 104 アシュフォード
ローファージョッター(A4)

ジョッターといえば、手のひらサイズのメモ用が一般的だが、それをそのままA4サイズにしたのが、この「ローファージョッター」だ。書類は四隅で固定するので安定感がある。10枚くらいは楽々と収納でき、書き終わった紙や書類などを入れておく隠しポケットも内蔵されている。ジョッターの右上のボタンを外すと、ちょうどクリアホルダーのように2辺が開いて収納スペースが現れる。メモ用というよりも、ノートなみの紙面サイズなので、発想を広げたりする際の本格的な筆記に最適だ。[¥9500、シーズンゲーム]

A4の3つ折りが
スムーズにできる

ITEM 105 TOTONOE
Carry Holder

A4書類をスーツの胸ポケットに入れるには、さすがにそのままでは入らないから折る必要がある。このとき、3つ折りにすることが多いが、これが意外と難しい。この「Carry Holder」を使えば、3つ折りが一発で決まる。A4書類を入れて（収納は5枚まで）、あとはパタンパタンと折るだけ。A4書類を簡単に3つ折りにできて、コンパクトに持ち歩ける。スーツの胸ポケットだけでなく、女性のハンドバッグにも入れやすくなる。［¥1250、コクヨMVP］

収納時にはスーツの胸ポケットに楽々入り、広げれば観音開きで中が見やすい

ITEM 106 TOTONOE
Carry Board (A4)

クリップボードは通常、ボードの上部についているクリップで紙を留める。しかし、この「Carry Board」はちょっと変わっていて、ボードの下側で紙を留める仕組みになっている。ボードの下部には、クリップではなく特殊な紙製の留め具があり、A4書類をここに挟み込む。一見すると頼りなさそうだが、実際にやってみると、これが意外としっかり固定できる。さすがにたくさんの書類を固定するのには向かないが、2、3枚くらいなら問題ない。このキャリーボードの良さは、書類を収納した状態でも、とてもスリムな点だ。[¥912、コクヨMVP]

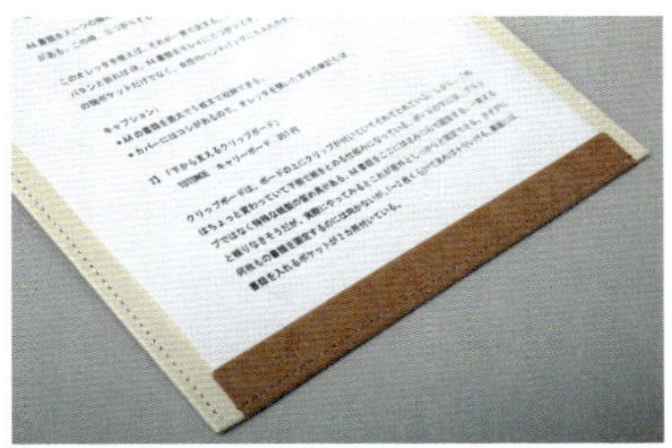
薄いながらもしっかりとした台紙になっているので、立ったままでの筆記も快適

裏面には、書類を入れるポケットがついている

下から支える クリップボード

通常のクリップボードと違い、クリップがないので、カバンの中でも場所を取らない

ITEM 107

hum フラップファイルバッグ

これは「フラップファイルバッグ」という名のとおり、書類を出し入れする口の両側にフラップがついている。このフラップを出したりしまったりすることで、いろいろな使い方ができる。1つ目の使い方は、そのフラップを両方とも内側にしまい込んでおく。この状態なら、書類の出し入れがしやすくなる。2つ目は、片側のフラップだけを外に出す。封筒のようにフタを閉められるので、外に持ち出すときなどに便利だ。3つ目は両側のフラップを出して使う。フラップにある取っ手に指を通せば片手で持ち運べる。フラップの折り目がうまく作用してナヨッとしない。このバッグを持ったままカフェのレジで会計をするといったときに、きっと便利だ。[¥3000、ハイタイド]

バッグの内側はシンプルなワンポケット

3通りのスタイルが楽しめる

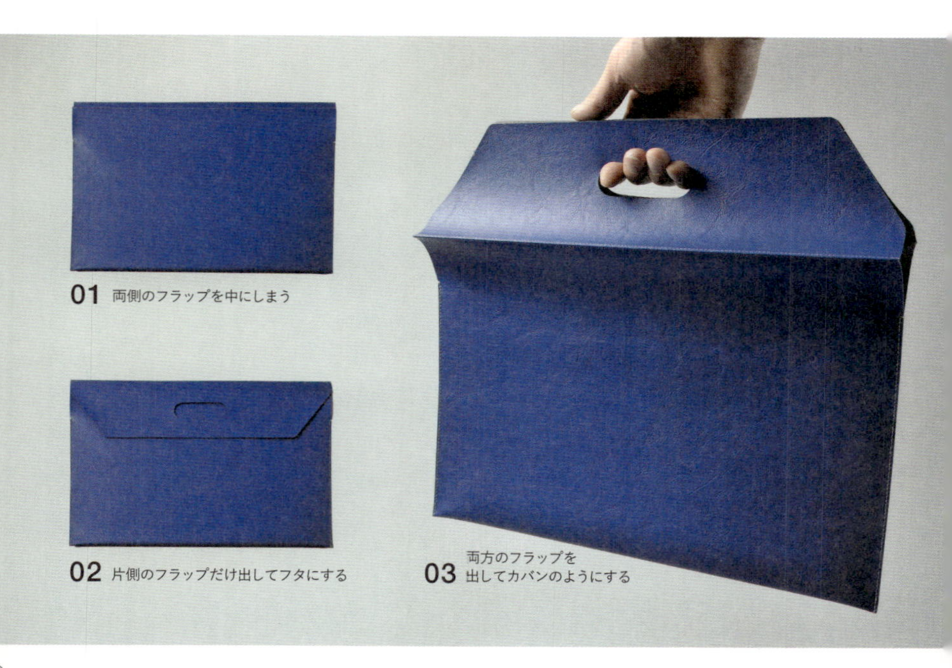

01 両側のフラップを中にしまう

02 片側のフラップだけ出してフタにする

03 両方のフラップを出してカバンのようにする

A4のクリアホルダーからA3書類まで

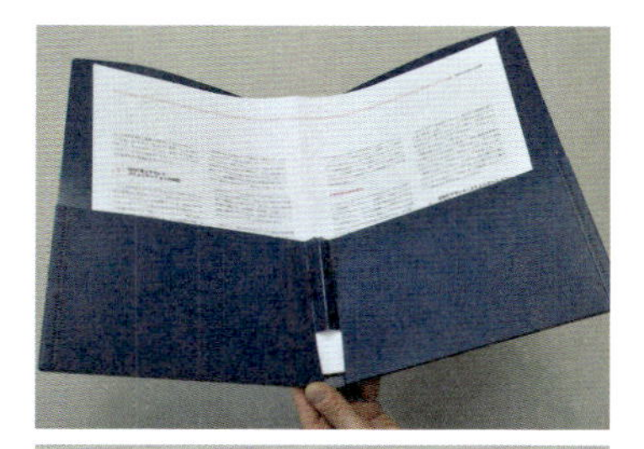

A3を折り込んで収納できる枚数は最大で25枚。中央の三角折加工が書類をほどよく押さえてくれる

ITEM 108 LIHIT LAB.

noie-style ポケットファイル

このファイルはA4書類だけでなく、A4クリアホルダーも入るやや大きめなサイズ。日頃よく使うクリアホルダーをまとめて携帯しやすくなる。さらに、もう1つ用途がある。A3書類も入れておけるのだ。しかも、折り目をそれほどつけずに。A3書類を内側のポケットに差し込み、閉じるだけでよい。閉じたときに折り目にはすき間があって、あくまでもゆるめに折りたたまれる。中央にある三角折加工がうまい具合に書類を押さえ込んでくれるので、書類は落ちたりしない。[¥430、LIHIT LAB.]

クリアホルダーも入る少しゆとりのある大きさ。クリアホルダーの角が少し見える設計になっている

広げると完全にフラットになるので、このまま書き込みもしやすい

インデックスに親指を添えると、スムーズに開けられる

ITEM 109 LEITZ

パートファイル7

たくさんの A4書類を持ち歩きたいけれど、あまり分厚くなるのはイヤだというときにオススメ。いわゆる紙挟みスタイルのファイルだ。書類を挟むだけで綴じ具がないので、スリムさが保たれる。しかも、7つのカテゴリーに分けて収納できる。挟み込むだけとはいえ、ゴムバンドで2カ所を留めているので、書類が落ちることはまずない。A4より小さいものでも収納できる。私は出張のときに、訪問先別の資料やチケット類、ホテルの資料などを整理して入れている。また、カテゴリーが7つあるので、1週間分の資料を曜日別に分けておくときにも便利だ。[¥1274円、エセルテジャパン]

ITEM 110 ヤマサキデザインワークス

ペーパーフォルダー タント

これは1枚の紙を折り曲げて作られたシンプルな作りのフォルダー。作りはシンプルだが、使い勝手にはバリエーションがある。フタを広げると、着物の衿のようになっている。一番奥に書類を入れて、フタを閉じると完全に書類をホールドできる。その1つ上に書類を差し込むと、フタを閉じても横から書類を取り出せる。そのフタの上側にも差し込むことができる。書類の出し入れの頻度に合わせて入れ方を選べる。3枚入り。［¥1500、ヤマサキデザインワークス］

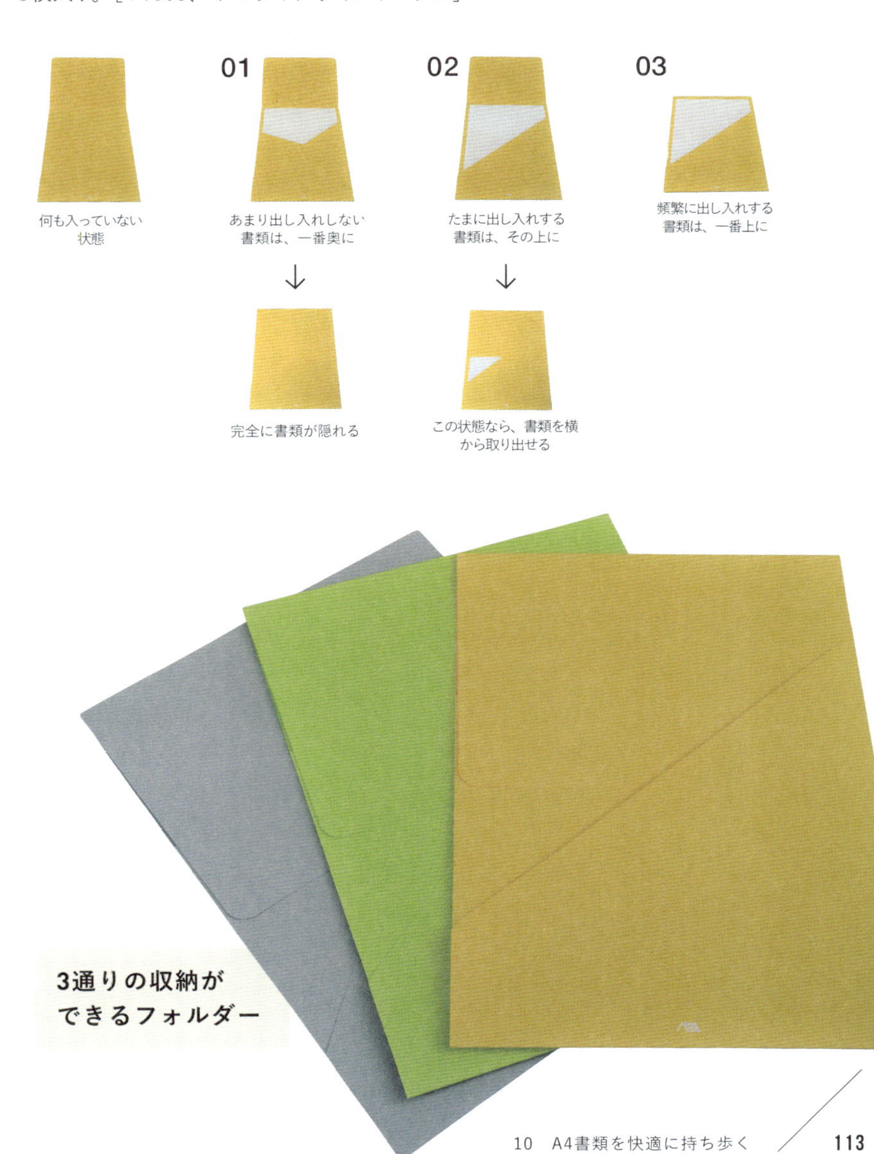

11

どこでも仕事ができるツール

今や仕事におけるやりとりは、ほとんどがメールという便利な時代。私自身一度も相手の方とリアルで会うことなく仕事が完了したことがある。少々さびしい気もするが、それも1つの現実だ。メールでのやりとりが中心ということは、必ずしも自分は会社にいなくても、自宅でもカフェでも仕事ができてしまうということを意味する。また一方で、最近では自分専用の机がない「フリーアドレス制」を採用している会社も増えてきている。このように、現代のワークスタイルは1つのところに腰を据えて仕事をするのではなく、あらゆる場所でいつもの仕事ができるようになってきている。場所を選ばずパフォーマンスの高い仕事ができる文具が、今やたくさんの種類から選べるようになっている。

手のひらにすっぽり収まる大きさ。横にはペンが収納できる

スキャンを前提にしたメモ

ITEM 111 abrAsus
保存するメモ帳

このメモ帳は書きやすさ、メモの補充のしやすさ、そして保存のしやすさといった具合に、ありとあらゆるメモの使い勝手の良さを考えぬいたものになっている。カバーは革製で、2つに折りたたんだだけというシンプルスタイル。この中にA4のコピー用紙を8つに折りたたんで入れる。ボールペンも付属しているので、あとはその1面ずつにメモを書き込んでいくだけ。一般のメモパッドと違い、ページをめくりながらではなく、折り返しながらというスタイルとなる。片面に8 ページ、両面使えば16 ページもあるので、1日分のメモページとしては十分。もし足りなくなれば、コピー用紙なので、どこでもすぐ入手可能だ。書き終えたコピー用紙は、そのままスキャナーに読み込ませてしまう。保存先として「Evernote」を選んでおけば、出先でも手軽にメモのバックナンバーを見返すことができる。出先でよくあるのが、「あのときに書いたメモを机に置きっ放しにしてしまった!」という場面。そうした心配をせずともどんどん書いて、どんどん参照することができる。[¥5509、バリューイノベーション]

この順番で書き進めていく。これはスキャンした後で参照しやすくするため

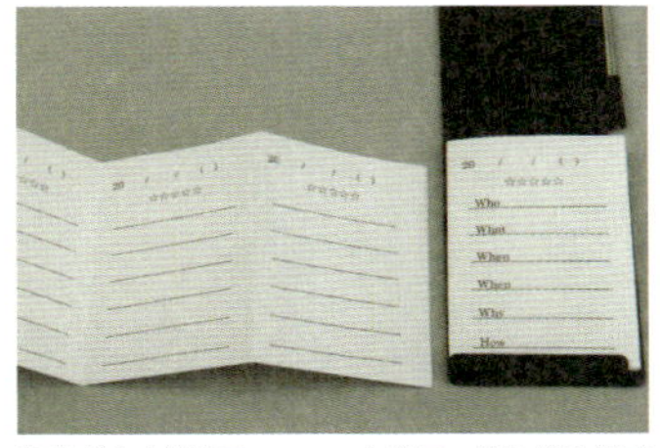

自分がよく使うフォーマットをワードなどで作成し、印刷して使うといったカスタマイズも手軽にできる。これもコピー用紙ならではのメリットだ

ITEM コクヨ
112 バッグインバッグ〈Bizrack〉(A4横)

ビジネスバッグの中には、書類だけでなく細かなものをいろいろと入れておかなければならない。バッグにはポケットも付いているが、最近はデジタルツールの各種周辺機器（Wi-Fi ルーター、スマホの充電器、イヤホン、コード類）を持つことも増えているため、バッグのポケットでは足りないなんてこともある。そうした細々したアイテム整理に便利なバッグインバッグ。ボタンでフタが閉まるので、単体として携帯することもできる。[¥3200、コクヨ]

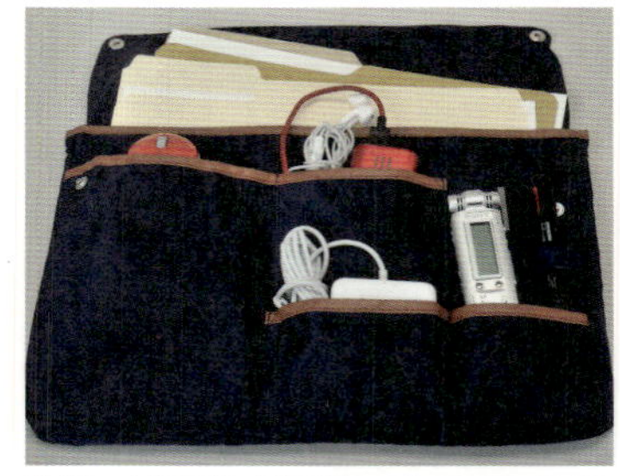

外ポケットはほどよく浅めになっているので、モノを取り出しやすい。台紙が付いているので、書類も入れやすい

単体でも使いたくなる
バッグインバッグ

ペンは8.3cmとショートでスリムなので、財布に入れてもペンがはみ出ることはない。伸ばせば10.7cmになり、快適に筆記できる

自動的に
ペンとメモを持つ

カードメモの紙は切り離し可能。財布だけでなく、名刺入れに入れておくこともできる

ITEM 113 ライフ
ランダムメモ

ITEM 114 ゼブラ
SL-F1mini

メモとペンをわざわざ持たなくてすむようにするには、いつも持ち歩いているものに入れてしまえばよい。財布がそれにふさわしい。財布に入れておけるメモとペンがある。メモは「メモランダム」。名刺サイズのコンパクトさの中に20枚とたっぷりな紙が綴じ込まれている。無地なので、小さいながらも自由に書いていける。1枚1枚の紙はキレイに切り取れ、誰かに渡したりするときなど、すぐに使える。小さいながらも、紙は万年筆との相性もよい「L ライティングペーパー ホワイト」を使った本格派。この「メモランダム」を財布のカードポケットや札入れに忍ばせておく。厚みは2mmほどなので、財布を必要以上に厚くしたり、重くしたりすることもない。これに合わせたいのが、財布にピッタリとくるコンパクトなゼブラの「SL-F1mini」というボールペン。これはボディが伸び縮みするようになっていて、財布のちょうど折り目の部分にピッタリと収めることができる。財布にこの2つをセットしておけば、自動的にメモとペンを持ち歩くということになる。[カードメモ（2冊入）：¥200／ライフ、ペン：¥300／ゼブラ]

ITEM 115

COCOON GRID-IT（A4サイズ）

外で仕事をするときには、パソコンのコード類など、細々としたものを持って行かなければならない。このボードには縦横に何本ものゴムバンドが張りめぐらされている。モノの大きさに合わせて、ゴムバンドを伸ばして留めるだけで固定できる。パッと見でモノの全体像がわかるので、必要なものが探しやすい。
[オープン価格、サンワダイレクト]

フックが付いているので、オフィスにいるときは、デスクサイドのフックに掛けておける

PCアクセサリーを探しやすく収納できる

ITEM 116

LIHIT LAB.

SMART FIT ペンケース

ペンケースというとカバンに入れておくものだが、これはスーツの内ポケットに入ってしまう。とはいえ、収容能力も十分。ボタンを外して、広げて反対側で留めると、ペンスタンドのように立てておくこともできる。カフェで一仕事のときにも便利だ。[¥1350、LIHIT LAB.]

ペンスタンドにもなるペンケース

ボタンを留めると、
立てて置ける

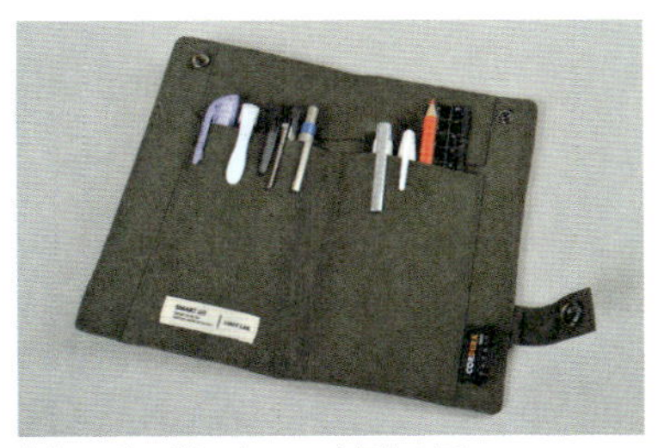

左右のフリーポケットにペンを収納できる

ITEM 117

Topcor

インスタント・バッグハンガー clipa

カフェなどで仕事をするときに、カバンの置き場所に困ることがある。これはシンプルなリング状なので、使わないときはカバンの取っ手につけておける。バッグハンガーとして使うときは広げてテーブルに引っかけるだけ。見た目より力持ちで耐荷重は15kgもある。[¥2700、アークトレーディング]

邪魔にならない
バッグハンガー

先端のポリウレタン製パッドが接触部のキズ防止、滑り止めの機能を果たす

使わないときは、カバンの取っ手につけておくと便利

究極のウェアラブル＆多機能ペン

多機能ペンにしては軽量な 18.8g。ペンは身につけることが多いので、軽いのはありがたい

メタリック感のあるアルマイト加工ボディ。グリップには溝があり握り心地もなかなか

ITEM 118 プラチナ万年筆

ダブル3アクションポケット

多機能ペンというと太く大きなものになりがち。これはコンパクトであり、さらにショートサイズ。ペン先を収めた状態の長さは11.05cm。一般的なペンと比べると3cm ほど短く、手にしてみると、そのコンパクトさが実感できる。コンパクトゆえに携帯性が良く、ポケットにも楽々収まってくれる。そして、いざ筆記となれば、ボディを伸ばして12.75cm と一般的なペンの長さになる。それだけではない。このペンは、伸縮ペンでありながらボールペン（黒・赤）に加えてシャープペンも搭載している。つまり、伸縮式の多機能ペン。プラチナ万年筆によると、こうした伸縮ペンでシャープペン付き多機能というのは世界でも初めてだそうだ。ペンを伸ばした状態で軸を回転させると、黒・赤のボールペン、そしてシャープペンが繰り出されてくる。もちろん、シャープペンはノック式なので、普段と同じ感覚で使うことができる。コンパクトなボディに、日々のビジネスに必要なペンがこの1本に備わっている。[¥3000、プラチナ万年筆]

ペンケースごと
ポケットに
入れておける

ボールペンは全長 10.5cm。
万年筆はペン先収納時の全長が 10.6cm

ITEM 119 カヴェコ

クラシックスポーツセット ブラック

全長12cm ほど小さなレザーのペンケースの中には、万年筆とボールペンが収納されている。コンパクトサイズで携帯性抜群。ペンケースごとポケットに入れておける。いずれもショートサイズのペンながら、万年筆はキャップを尻軸にさすと13.1cm と快適な長さになり、ノック式ボールペンは太軸なのでしっかりと握れる。アンティークスタイルな大人のペンセットである。［¥8500、プリコ］

ズボンのポケットに入るボールペン

クリップがないシンプルなデザイン

ITEM 120 ラミー
ピコ

全長は92mmで口紅ほどの短さのボディがノックボタンを押すと30mmも伸びて書きやすくなるペン。Tシャツやポロシャツを着ていると、胸ポケットがないのでペンの収納場所に困るが、ピコならズボンのポケットに楽々入る。[¥6500～、DKSHジャパン]

コンパクトなのに本格派の万年筆

キャップを尻軸にセットすると、13.4cmとなり、快適に書いていける

ITEM 121 パイロット
レグノ89s

全長12cmというショート＆スリムな万年筆。ポケットに挿して携帯しやすい。ボディとキャップには、コムプライトという積層強化木が使われている。ウッドな手触りで温かみがある。小さいながらも、ペン先には14金を使用した本格派である。[¥12000、パイロット]

ITEM 122 トンボ鉛筆

ピーフィット

全長9cm の超ショートサイズのボールペン。その大半はクリップで占められている。一般のペンのクリップと違うのはボディとクリップのすき間がほとんどないこと。だから、ポケットやバッグのストラップ、ノートの表紙など、いろんなところに挟んでおける。挟んだときの安定感は抜群。ペンにクリップが付いているというよりも、むしろクリップにペンが付いているという感じだ。[¥300、トンボ鉛筆]

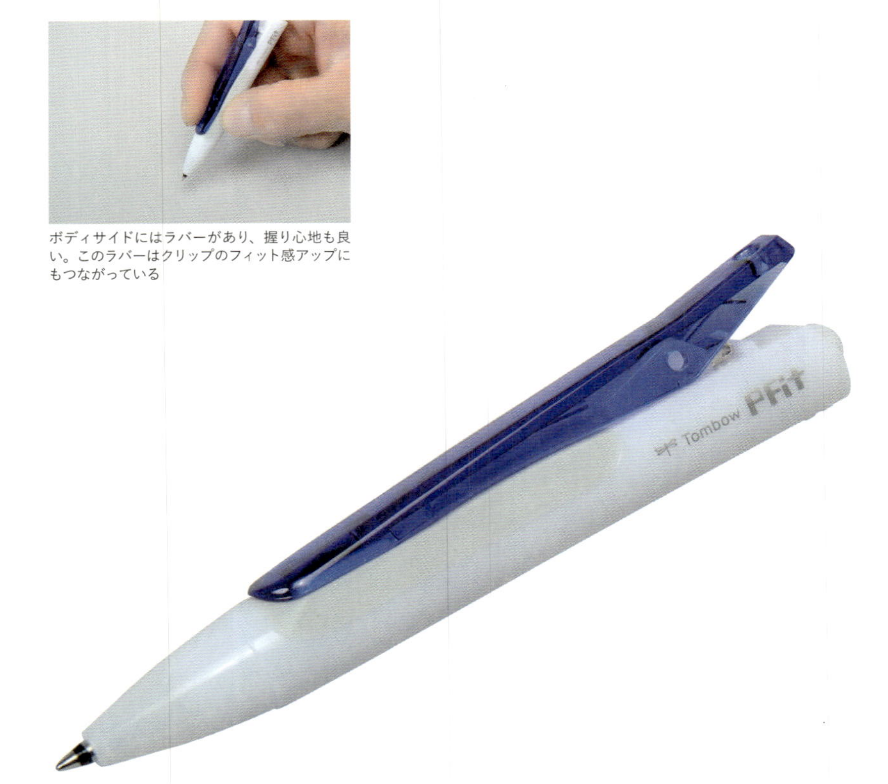

ボディサイドにはラバーがあり、握り心地も良い。このラバーはクリップのフィット感アップにもつながっている

いろんなところに付けておけるクリップペン

資料の
セキュリティ対策も
バッチリ

全5色あるので、色で書類の区別がつけやすい

ITEM 123 プラス
ブラインドホルダー

外出時のすき間時間を活用し、カフェに立ち寄り一仕事。このとき、気をつけるべきはカフェはあくまでも公共の場であること。資料をカバンから取り出してチェックする際には、周りの目に気を配りたい。そのときに便利なのが、この「ブラインドホルダー」だ。「ブラインド」とあるように、中に入れた書類が外から見えない。見られてはいけない書類に最適なフォルダーだ。[オープン価格、プラス]

左下に小さな穴がいくつかあり、中の書類の有無が一目でわかる

ショルダーバッグのようなブックカバー

片手でホールドできるストラップがついている

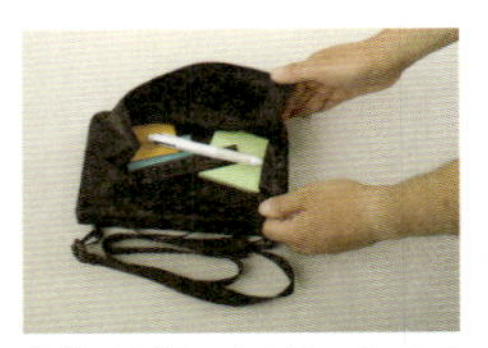

外側にはポケットも付いているので、付せんや筆記用具も一緒に持ち歩ける

ITEM 124 moviti
MOVOOK

海外出張に行って、せっかくなので観光を楽しむということもあると思う。そうした観光地では、あからさまに町中でガイドブックを開くというのは、できれば避けたい。この「MOVOOK」は、ショルダーバッグスタイルのガイドブックカバー。端からは、ガイドブックを見ているとは思われない。旅行に限らず、休日にこれに本をセットして散歩 & 読書を楽しんでみるのもよい。対応するサイズは、縦23cm、横14cm までなので、縦長の旅行ガイドのほか、四六判の単行本もセットできる。[¥5000、moviti]

12

付せんを使いこなす

今や仕事で欠かせないツールとなっている付せん。あるときは資料にインデックスを付けたり、あるいはアイディアなどちょっとしたメモを書き込んだりと、さまざまな場面で使うことができる。貼って剥がせる紙というシンプルなスタイルだからこそ、自由度が高い。ここにきて付せんブームといえるくらいに、各メーカーからいろいろなタイプが販売されている。付せんを使うと、平面的だったノートや手帳が立体的に活用できるようになる。「付せんリテラシー」をアップさせるアイテムを選んでみた。

自分の好きな
長さにできる

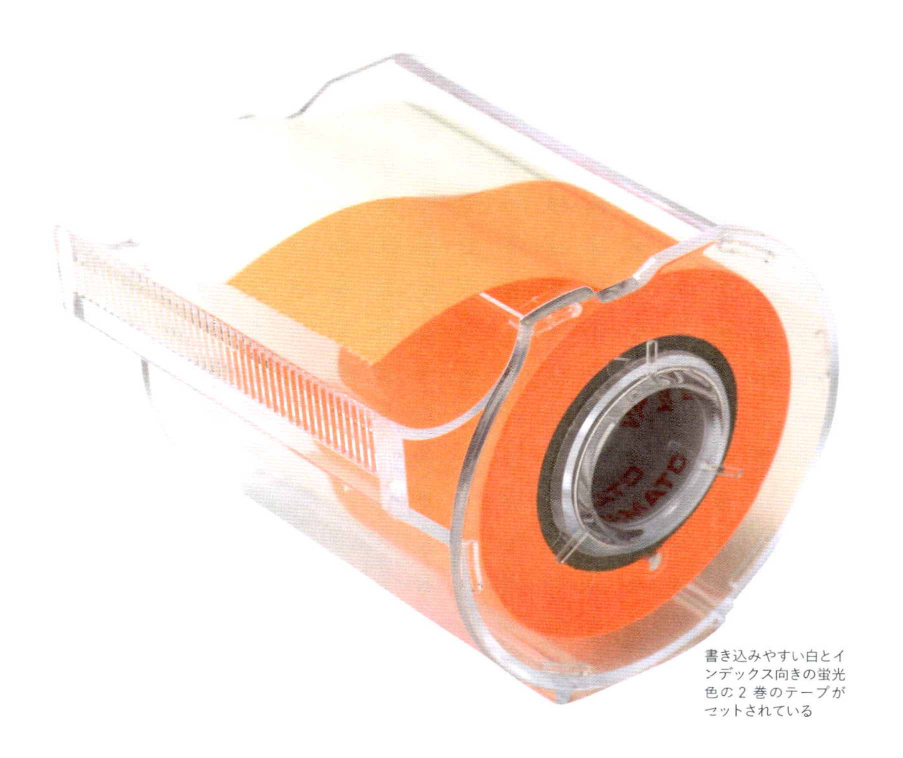

書き込みやすい白とインデックス向きの蛍光色の 2 巻のテープがセットされている

ITEM
125
ヤマト
メモック ロールテープ（スタンダード＆蛍光カラー）

付せんに何かを書き込もうとするとき、文字の分量をあらかじめ想定して、それにふさわしいサイズの付せんを選ぶものだ。これはロール式の付せんなので、どんどん伸ばしていくらでも自由に書き込んでいける。全面のりタイプ。［¥450、ヤマト］

幅は 25mm。ファイルにタイトルをつけるときに便利

携帯性抜群の
付せん

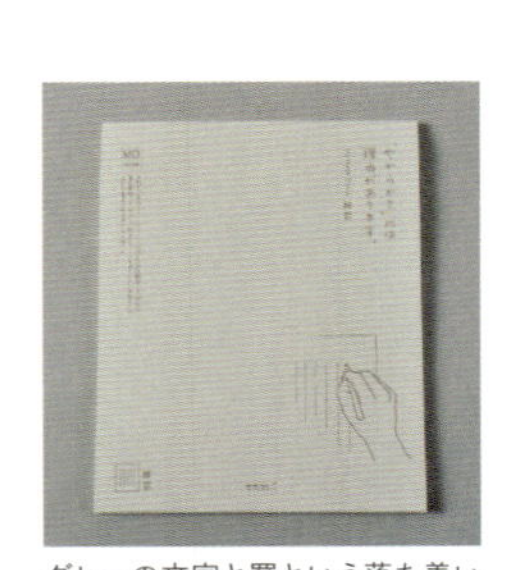

グレーの文字と罫という落ち着いたフォーマットなので、自分で書き込む予定がほどよく目立つ

プロジェクトの資料をまとめたクリアホルダーに貼るのにも最適。全面粘着なのでヒラヒラしない

ITEM 126 STÁLOGY
貼ってはがせるカレンダーシール（Mサイズ）

1カ月ごとのカレンダーがシールになったというアイテム。これが活躍するのはたとえば、ノートにプロジェクトのスケジュールを書きたいとき。手帳のスケジュールには、他のさまざまな予定が書き込まれているが、このシールを使えばそのプロジェクトの予定だけをすっきりと書き込める。日付を自分で記入する手間はあるが、同じ月のカレンダーをもう1枚欲しいというときにも対応できて便利。大きさは115mm×160mm で全13枚入り。［¥550、スタロジー］

携帯性抜群の付せん

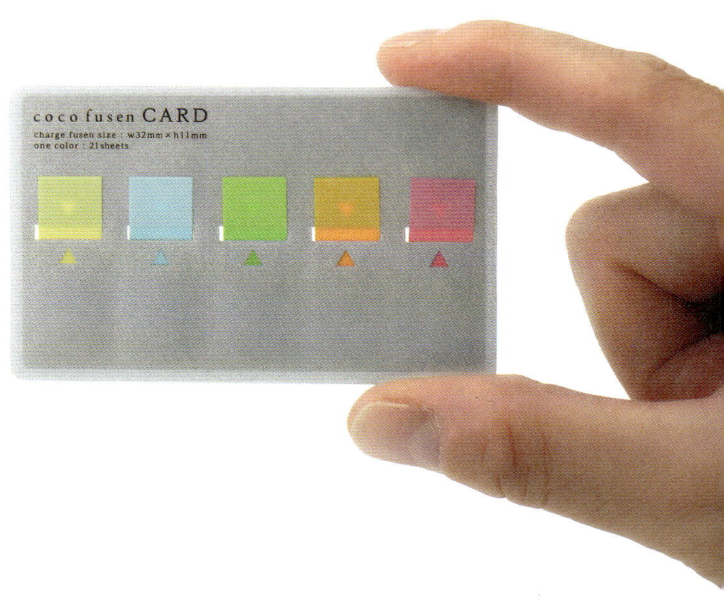

付せんは1枚取り出すと次のものが出てきてスタンバイ状態となる

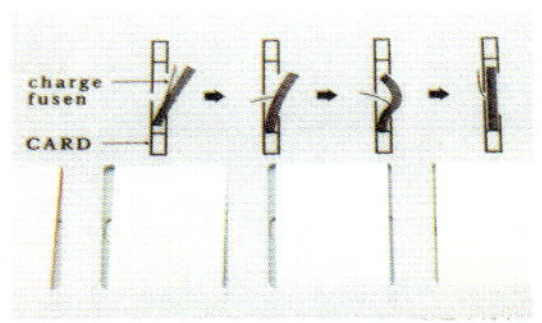

付せんがなくなっても、別売のリフィルを詰め替えて本体を繰り返し使える

ITEM 127 カンミ堂
ココフセンカード

付せんは構造上、束になっているため、どうしても厚みがあり、携帯性はいま1つ良くない。カバンのポケットに入れておくと、いつの間にやらバラバラになってしまうなんてことも。「ココフセンカード」はスリムタイプのディスペンサーで、カードサイズなので携帯性がすこぶるいい。手帳の巻末ポケットや名刺入れ、さらには財布などにも入る。付せんを肌身離さず持ち歩きたいという人にピッタリ。[¥500～580、カンミ堂]

ITEM 128 コクヨS&T

テープのり〈ドットライナー〉(貼ってはがせるタイプ)

貼って剥がせる付せんは何も既製品ばかりとは限らない。これは貼って剥がせるタイプのテープのりなので、いつも使っているメモの裏側に塗ればオリジナルの付せんになる。また、貼った付せんがヒラヒラするのが気になるときに、これで留めるという使い方もできる。テープはカートリッジ式で経済的。[¥400、コクヨ]

いつものメモを付せんにする

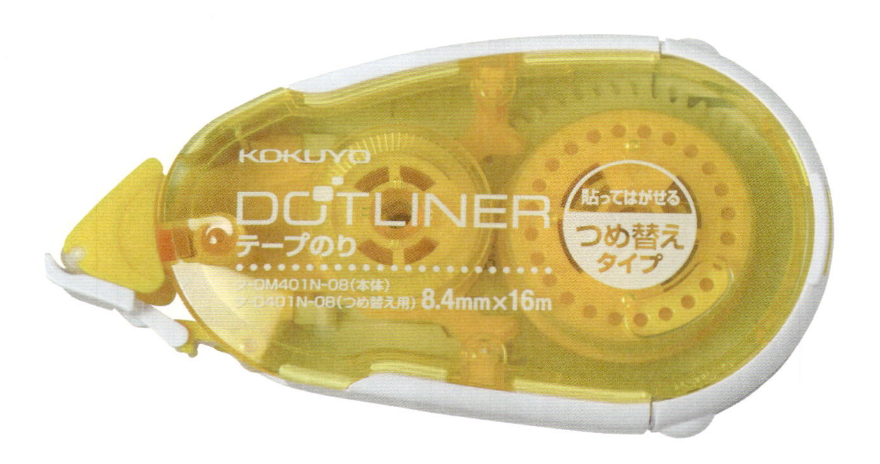

適度な粘着力の付せんが完成

付せんを しっかり付ける

ITEM 129 ライオン事務器
ToDoI:TA（トドイータ）

デスク周りで付せんがよく貼られている場所といえば、パソコンのモニターがある。仕事をしているときに常に見ているところなので、最適である。しかし、そもそもモニターは付せんを貼ることを想定して作られていない。つまり、貼ったはいいが、たまにハラリと落ちてしまうことがある。これは、モニターにセットできる付せん用のボード。表面がツルツルしているので、付せんとの相性が良い。
［¥450、ライオン事務器］

モニターの左右どちらにも貼り付けられるようになっている

ボードの下を折り曲げると、付せん置きが作れる

ITEM 130

キングジム

ショットノート（貼ってはがせるタイプ）

書いたものをスマートフォンで撮影してデジタル化する、いわゆる「デジアナ文具」。ノートすべてをデジタル化するほどではないが、一部をデジタル化したいという人にはこれがオススメ。付せんに書いたものは貼って剥がして、いろいろなところに自由に貼り付けられるが、デジタル化することでそのフレキシブル性がさらに増す。4色あるので、会議やプロジェクトごとなど、用途に合わせて使い分けができる。[¥410、キングジム]

書き込んだ付せんをキングジムの専用アプリ「SHOT NOTE」で撮影すればOK

付せんも
デジタル化

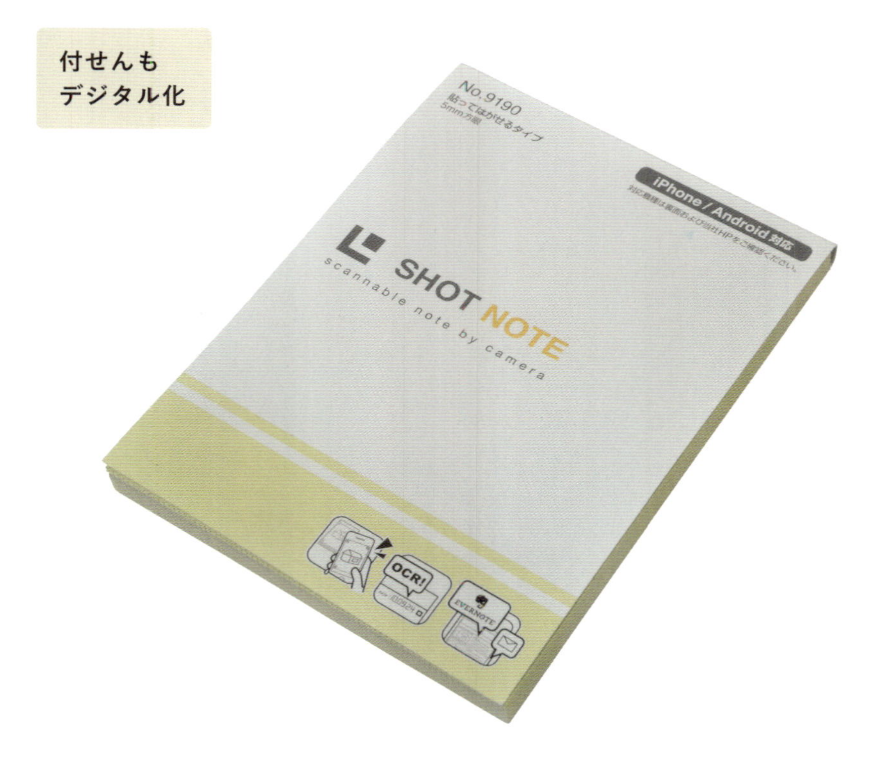

色だけでなく形でも インデックス管理

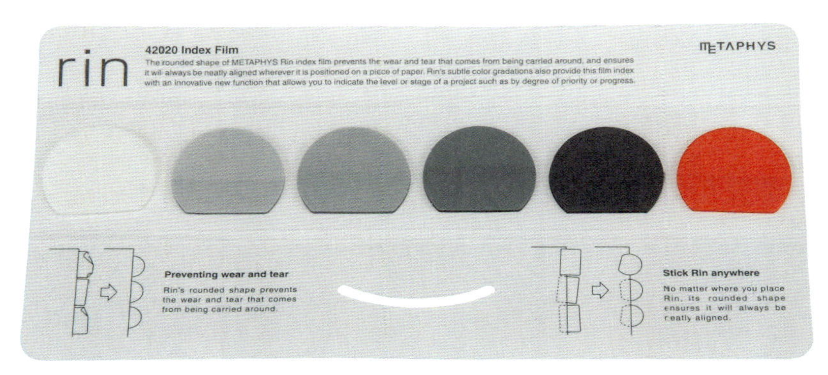

付せんのカラーはオレンジ以外はグレーのグラデーションで 6 色。各色 25 枚入り

ITEM 131 メタフィス

rin 付せん

円形をしたフィルム付せん。この形を活かした使い方がある。円形の付せんの飛び出し具合を変えていく。大きく飛び出させたり、半円にする、はたまた少しだけというように、ちょうど月の満ち欠けみたいな感じでインデックスを区別できる。色で管理するのに加え、こうした形での区別も可能となる。たくさんの付せんが飛び出しているのはあまり美しいとは言えないが、この付せんならそうしたこともないだろう。[¥700、不易糊工業]

フィルムタイプで鉛筆や油性ボールペンなら書き込みができる

ITEM 132

PCM竹尾

PETA（clear s）

ほんわかとほどよく透ける付せん。紙なので、おおかたのペンでも書き込める。万年筆などの水性インクは、乾くのに少し時間がかかるが、乾けば筆跡は安定する。全面粘着が少しユニークで剥がすときに、ペリペリといい音を立てる。地図や雑誌など書き込みしにくいものに貼って、下の文字を透かしながらの書き込みにも適している。［¥300、PCM 竹尾］

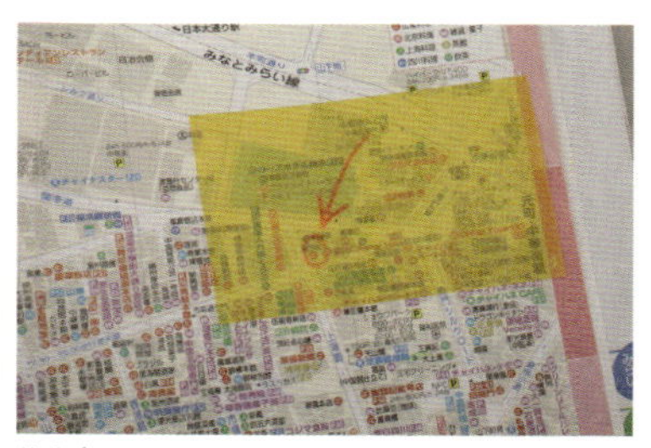

サイズは 50 × 80mm

文字を隠さない
半透明付せん

一度にたくさんの
メモが作れる

ITEM
133 ノグチインプレス
メモッ多

これは付せんと複写式ノーカーボンを合体させたメモ。書くときは、付属の下敷きを差し込む。複数枚の紙を重ねて一番上に書き込むと、文字が複写されて同じメモが何枚も作れる。筆圧にもよるが、5～6枚くらいまでいける。1枚1枚貼って剥がせる付せんになっている。何人もの人に同じメモを渡したいときに便利だ。[¥300、ノグチインプレス]

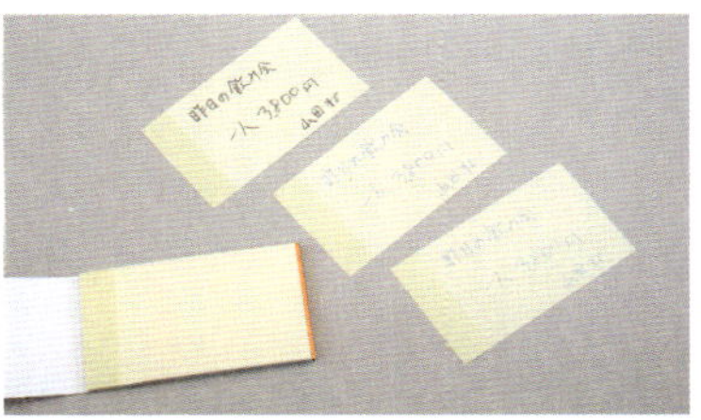

サイズは 105 × 60mm

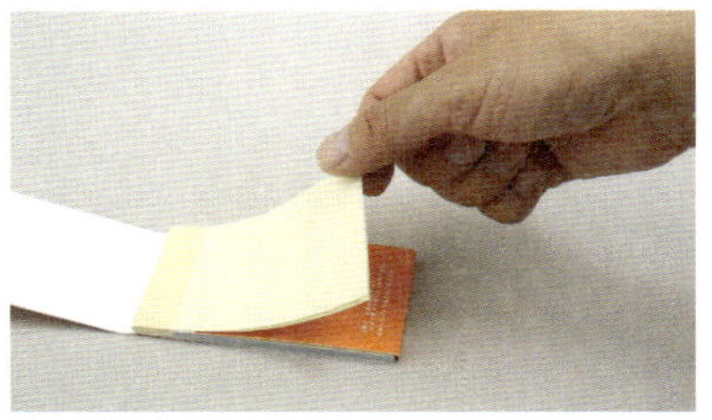

表紙を下敷きにして書き込む

13

万年筆のすすめ

万年筆に詳しい方に「万年筆とは濡れた線を書く筆記具だ」と教えてもらったことがある。なるほどと思わずうなってしまった表現である。紙の上に書き立てホヤホヤの万年筆の筆跡は瑞々しさにあふれ、ところどころにインクの濃いところ、薄いところがある。デジタルにはない人の手で書かれたという温かさがそこにはある。メールなどのデジタルツールは情報を伝えることを得意としている。一方、アナログの万年筆では、感情を伝えるのを得意としていると思う。私自身はデジタルと万年筆をそんなふうに使い分けている。万年筆はビジネスシーンでも活躍の場は意外と多い。究極のアナログ筆記具である万年筆の魅力をあらゆる角度から紹介してみたい。書くことがきっと楽しくなるに違いない。

万年筆の魅力

万年筆というと、インクをいちいち自分で入れなくてはならないなど、手間がかかるので、敬遠されがちである。また、万年筆をなかなか手にしない人がよく口にする言葉が、「自分は字が下手なので万年筆はちょっと……」である。

こういう人に私がいつもお話ししているのは、「気持ち良く書けるペンを使うと、自分の文字がだんだん好きになりますよ」ということだ。字が上手かそうでないかは別にして、まず自分が心地良く書けるかということを考えてみると、万年筆はほかの筆記具に比べて、かなり優れていると個人的には思っている。

ではまず、万年筆という筆記具の魅力について紹介してみたい。私は、いまだに草稿には万年筆と原稿用紙を使い続けている。その最大の理由は、長く書いていても手が疲れないからだ。なぜ疲れないかというと、ほとんど筆圧をかけなくてもスラスラと書いていけるからである。

万年筆は、ボディの中にあるインクタンクから「ペン芯」そして「ペン先」を伝ってインクが出てくる仕組みになっている。ここには毛細管現象という作用が働いている。これのどこが良いかというと、ペン先を紙の上につけてさえいれば、あとは筆圧をほとんどかけなくても、インクが出てくるという点にある。

日頃私たちはボールペンで書くことが多い。最近は滑らかに書けるものも出てきているが、さすがに多少の筆圧は必要となる。万年筆は、それ自体の重みだけで、紙の上に文字を残すことができてしまう。筆圧をほとんどかけずに書くことができるので、体をリラックス状態にして書くことができるのだ。私は、ボールペンなどから万年筆に持ち替えると、体と手が「万年筆モード」にカチッと切り替わる。

2つ目の魅力は、独特な筆跡が書けるという点にある。万年筆には水性インクが使われ、筆跡はみずみずしさにあふれている。特にブルーインクを使うとよくわかるが、1本の線を引くと、そこにはインクの濃淡がはっきりと表れる。これは、書くときの力の入れ具合によって変わる。

この独特の筆跡により、その文字を見ればすぐに万年筆で書いたものということがわかる。万年筆で手紙を書くと、書いた人の気持ちが伝わってくるのは、この「肉筆感」というものが出やすいからだろう。これは毛筆を別にすれば、他の筆記具ではなかなかできないことではないか。

3つ目の魅力、それは書き込むほどにペン先がなじんで、自分にとって書きやすくなるという点だ。ボールペンはリフィルと呼ばれるインクタンクとペン先がセットされたものを一緒に取り替える。一方、万年筆はあくまでもインクだけ。つまり、ペン先はずっと使い続けることになる。

万年筆のペン先は大変に強い合金でできているが、書き込むほどにその形がわずかに変化していく。これがその人の書きグセに合わせた形になっていき、どんどん自分好みの書き味になっていく。書きやすくなれば、心地良さがさらに増し、それにより、味わいのある文字が書けるようになるという好循環にもつながっていく。

以上、万年筆ならではの良さというものを、多少はおわかりいただけたと思う。しかし、普段の生活で万年筆を使う機会なんてあまりないのでは、と思う人も多いかもしれない。

そこで次に、万年筆が活躍する用途について考えてみよう。

万年筆というと、原稿用紙に向かって長文を書くというイメージが強い。確かにそうした用途もある。ただ、一般のビジネスシーンではあまり縁がない。そんな中でよくあるのが、手紙を書くという場面だ。さすがに便せん1枚を全部、万年筆で書くとなると気が引けてしまうだろうから、文面はパソコンで作成し、最後の署名だけを万年筆で書くという手がある。たったこれだけで事務的になりがちなビジネスレターがひと味もふた味も違ったものになる。最近は一筆箋に注目が集まっている。これであれば、先方の会社名、担当者名、そして自分の名前を書くと、用件を書くスペースは2 ～ 3行程度となるので、気負いなく書けるだろう。

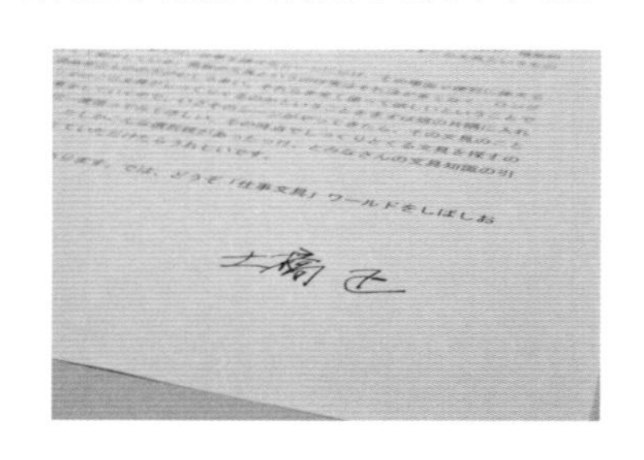

また、もう1つの用途としてノート用のペンとして使うというものもある。この場合は、F（細字）くらいのペン先がちょうど良い。打合せのメモなど、さながら速記のように一気にたくさん書いていかなくてはならない人には、軽く書ける万年筆は強い味方になってくれるはずだ。最近は自分のノートを「自炊」、つまりスキャナーでデジタル化することも多くなっているが、万年筆の筆跡はデジタル化した後でも、よりはっきり見えるというメリットがある。

さらに、仕事のちょっとした伝言メモに使うというのもよい。おそらく社内で万年筆を使っている人は少ないだろうから、万年筆で書くと、あなたのメモということがすぐにわかってもらえる。万年筆の独特な筆跡のなせる業だ。

ここまでお読みいただいて、そろそろ万年筆を1本持ってみようかと思い始めたのではないだろうか。次は、万年筆にはどんな種類があるのか、そして万年筆を選ぶときのポイントについて触れてみたい。

万年筆の種類

万年筆は、インクの入れ方で大きく2 種類に分かれる。1つは、カートリッジインクを使うタイプ。もう1つは、インクボトルからインクを直接吸い上げるタイプ。このインクボトルを使うタイプには、吸入式とコンバータ式がある。

吸入式とは、万年筆本体に吸入機構を備え、尻軸を回すとインクが吸い上げられるものだ。コンバータ式は、万年筆本体に吸入機構がなく、コンバータという吸入器を取り付けてインクを吸い上げる。カートリッジとコンバータの両方が使える「両用式」というものもある。

これらのどれがベストということではなく、自分の用途に合わせて選ぶのがよいだろう。たとえば、出張が多く、外出先でもインクを替えたいという人は、カートリッジ式のほうが手軽。たくさん書きたいという人は、インクのランニングコストがお得なインクボトルタイプを選ぶ、という具合だ。

ちなみに、メインテナンスの面からいうと、カートリッジ式よりもボトルからインクを吸い上げる吸入式やコンバータ式のほうが優れていると、万年筆専門店の人に以前うかがったことがある。それはインクの流れが双方向になるからだという。カートリッジ式ではインクタンクからペン先側への一方向にしかインクは流れない。それに対して吸入式やコンバータ式は、インクを吸い上げるときに、ペン先からインクタンクへという逆方向の流れもあるので、これにより万年筆内部のクリーニングにもなるというわけだ。

吸入式の万年筆

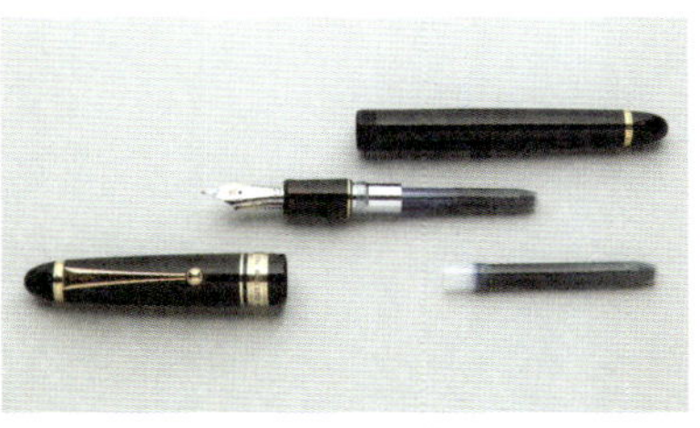
カートリッジインクをセットした万年筆

コンバータをセットした万年筆

ペン先は、大きく2種類に分けられる。1つは、ステンレススチール製のもの、もう1つが、金を使ったもの。見た目の豪華さだけでなく、使い心地による違いもある。一般にステンレススチールは、弾力があまりなく硬めだ。金はそもそも弾力性があるので、少し筆圧をかけると、ペン先がほどよくしなって受けとめてくれる。これも好みだが、私は何年も長く使うことを考えれば金のペン先が優れていると思う。

そして、このペン先にはさまざまな太さがある。代表的なところでは、EF（極細）、F（細字）、M（中字）、B（太字）。私の考える大まかな用途分けは以下のとおり。

- EF（極細）……手帳への書き込みなど、細かく書きたい人向け。赤いインクを入れると、原稿の校正ペンとしても最適。とても細いので行間に朱入れすることもできる。
- F（細字）……ノートへの筆記など、ある程度細い行間に書くことができる。
- M（中字）…… 一般的なタイプ。一筆箋などに書いたときのバランスも良い。
- B（太字）…… 万年筆らしい存在感ある筆跡が味わえる。長文の原稿や手紙の署名などにも最適。太字で書くと、文字が大きくなる。

これはあくまでも私の印象なので、実際に試し書きをして自分に一番しっくりとくるタイプを選ぶとよいと思う。ちなみに、筆跡の太さだけでなく書き心地もそれぞれ違う。EFはペン先が細いため、ややカリカリとした書き味で、Bは滑らかさがある。この書き味で決めるのもよい。

左が金のペン先、右がステンレススチールのペン先

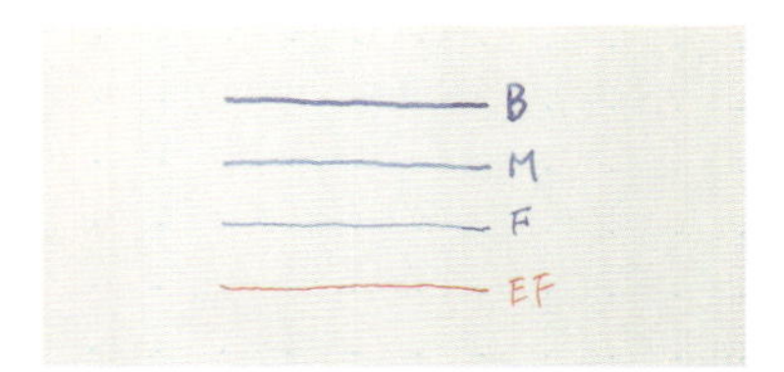

ペン先によって変わる線の太さ

購入時のポイント

万年筆は、試し書きできる店で買うことをオススメしたい。ボールペンの場合は、同じメーカーの同じ太さのペン先であれば、ほぼどれも同じような書き味であるが、万年筆の場合は、微妙に個体差のようなものがあるように思う。そのため、実際に手にして書いてみて選ぶのがよい。

試し書きをする際に覚えておくとよいポイントがいくつかある。試し書きは、いつも書き慣れている自分の名前もしくは住所にする。よくやってしまうのがグルグルとらせん模様を書いてしまうということだが、実際に万年筆を手に入れてグルグルと模様を書くなんてことはまずなく、皆さんは普通に文字を書くだろう。だからといって、どんな文字を書くかはまだわからない。そこで、いつも書き慣れている名前と住所で「定点観測」をする。

このとき、できれば椅子に座らせてもらうとよい。一般的には、腰の高さくらいのカウンターに立ったまま書くということがあるが、私たちが万年筆を手に入れて書くときには、きっとしっかりと椅子に座って書くはずだ。

そしてもう1つは、いつも愛用しているノートや手帳を持参することだ。店の人に許可をもらって自分のノートなどに書かせてもらおう。店では試し書き用紙が用意されているが、万年筆はとてもデリケートなので、使う紙によってその書き味は違うものになってしまう。インクのにじみ具合も異なるので、同じペン先でも筆跡が細くなったり太くなったりする。

以上、「椅子に座って書く」「いつものノートなどに書く」というのは、自分のいつものスタイルで試し書きをするということにほかならない。これは大切なポイントである。

では、いくつかの万年筆を試し書きして、最後にどれを選んだらよいのか。これはペンドクターである川口明弘さんから教わったことなのだが、押さえるべき2つのポイントがあるという。

- 書いていて力が抜けて気持ち良く書けること
- 自分の名前が一番キレイに書けるもの

これを意識すると、おのずと選ぶものが絞られてくるはずだ。

私のオススメ万年筆

万年筆の書き味というものは、ちょうど料理の味のように、人それぞれ感じ方が違う。ある人にとってはおいしいものでも、ほかの人はそうは思わなかったりする。最後に頼りになるのは自分自身の感覚だ。そうはいっても、万年筆売り場にズラリと並ぶたくさんの万年筆を前にすると圧倒されて、いったいどれを選んだらよいのかわからなくなってしまう。そこで、ご参考までに、私が日頃使っているオススメ万年筆を紹介してみよう。

まず、私は日本のメーカーの万年筆をよく使っている（もちろん、海外メーカーのものも使っているが）。その理由は、そもそも日本語を書くために作られているからだ。日本語にはアルファベットと違い、「トメ」「ハネ」「ハライ」があり、1文字の画数も多い。日本のメーカーのものは、こうした事情をしっかりと踏まえて作られていると聞く。

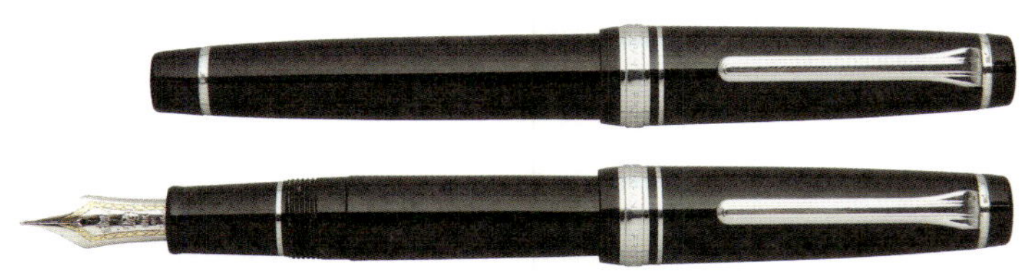

ITEM セーラー万年筆

134 プロフェッショナルギア銀

この万年筆の魅力は、書いた瞬間に手から脳へと伝わる心地良さ。紙の上にやさしい心持ちでペン先を添えると、まるで真綿に添えているような、やさしいタッチがある。そして文字を書くと21金のペン先ならではの腰の柔らかい書き心地がやってくる。ボディの両端がフラットにカットされているので、レギュラーサイズでありながら、ややコンパクトな印象がある。［¥20000、セーラー万年筆］

ITEM パイロット

135 カスタム743

たっぷりとしたボディの大きさ、そして大きめなペン先により、ゆったりとした書き味が楽しめるタイプだ。たくさんのペン先がラインナップされている中で、私が愛用しているのは「ウェーバリー」という、ペン先がやや上を向いているタイプ。特殊な形状をしているが、ごくごく普通に気持ち良く書くことができる。［¥30000、パイロット］

ITEM プラチナ万年筆

136 #3776 センチュリー

万年筆でよくあるトラブルが、年賀状を書くときだけ使って、そのまま机の引き出しにしまいっ放しにして、1年後再び年賀状を書こうとしたときにはインクが乾燥していて書けないという事態である。この万年筆はそうした使い方をしても、インクがドライアップせずに2年間使用していなくても書けてしまうという優れものなのだ。その秘密は密閉性のきわめて高いキャップ機構にある。1万円台というリーズナブルな価格のわりに大きなペン先がついていて満足感の味わえる1本である。［¥10000、プラチナ万年筆］

クリップを挟むように握るのがユニークだ

ITEM 137 パイロット
キャップレスデシモ

この万年筆は私自身がとても気に入っているので、2本を所有するほど愛用している。少し長めのノックをグイと押し込むと、カチッとメカニカルな音がして小さなペン先がチョコンと出てくる。あまり万年筆っぽくないペン先だが、書いてみるとまぎれもなく万年筆。「デシモ」は「キャップレス」シリーズの中でもスリムボディ。よくこんなスリムなボディにキャップレス機構を組み込んだものだと感心してしまう。ペン先は18金なので、ほどよくしなる。ペン先に内蔵されたシャッターと呼ばれるフタがしっかり閉じてくれるので、ペン先を収納しておけば、インクのドライアップの心配もない。いつでも書き出しからインクがスムーズに出てくる。万年筆をサッと書き始めたい方にオススメ。カートリッジインク、コンバーター 20、40、50の両用式。［¥15000、パイロット］

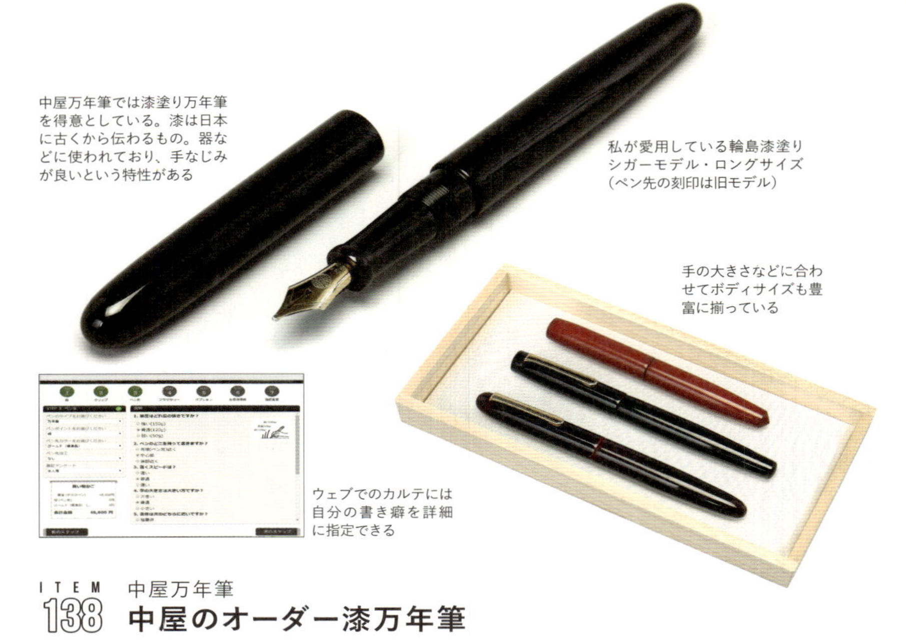

中屋万年筆では漆塗り万年筆を得意としている。漆は日本に古くから伝わるもの。器などに使われており、手なじみが良いという特性がある

私が愛用している輪島漆塗りシガーモデル・ロングサイズ（ペン先の刻印は旧モデル）

手の大きさなどに合わせてボディサイズも豊富に揃っている

ウェブでのカルテには自分の書き癖を詳細に指定できる

ITEM 138 中屋万年筆

中屋のオーダー漆万年筆

万年筆はあまり気軽に人に貸してはいけないといわれている。それまで自分が書き込んで自分の書き癖になじんだペン先の調子が狂ってしまうからだ。万年筆のペン先は書いていくほどに自分にとって書きやすいものになっていく。ある人は、これを称して「万年筆を育てる」「万年筆を熟成させる」とも言っている。他の筆記具と違って、万年筆には自分好みに育てていくという楽しみがあるのだ。こうして長い年月をたっぷりとかけて楽しむのもよいが、自分好みの万年筆をすぐに使いたいという人もいるだろう。そうした方々にオススメなのが中屋万年筆だ。ここでは、新品の状態から自分の書き癖に合わせてあらかじめ調整した上で販売してくれる。もともとはプラチナ万年筆の職人だった人たちが集まり、構成した万年筆工房で、中屋とは同社の当初の屋号から取ったもの。このオーダーシステムは実に合理的だ。わざわざ中屋万年筆に足を運ぶ必要はなく、ウェブサイトによる通信販売で注文することができる。カルテと呼ばれるものが用意されており、必要事項を埋めていくだけでよい。万年筆を持って書くときの癖、たとえば、ペンを持つときの角度、筆圧、文字の大きさなどを細かく指定していく。そのカルテに従って、あなたが快適に書ける万年筆を職人が作り上げてくれる。また中屋万年筆には、1本1本すべて手づくりで万年筆を作り上げるというポリシーがある。それはペン先だけでなく、クリップの有無や、ペンのボディに施す装飾など多岐にわたっている。いろいろな種類がありすぎてどれを選んだらよいか迷ってしまう。しっとりとした質感で、指に吸いつくような感触がある。使うほどに手になじんで手放せなくなる。中屋万年筆では注文を受けてから、ペン先、そしてボディの製作に入る。そのときの順番待ちの状況にもよるが、だいたい3～4カ月ほどで手元に届く。そうして完成した万年筆は、正真正銘の世界に1本だけの自分だけのものとなる。これで日々書き続ければ、よりいっそうペン先はなじみ、自分の手の一部のような存在になることだろう。［¥55000～、中屋万年筆］

万年筆のペンケース

万年筆を手に入れると気になるのが、どのように携帯すればよいかということ。基本はペンケースに入れるのがよいだろう。といっても、いつも使っているボールペンやシャープペンを入れるペンケースは、あまりオススメしない。というのも、仕切りのないタイプが多いので、ペン同士がこすれてせっかくの万年筆に傷がつきかねない。

そこで、万年筆1本1本のために収納スペースが分かれているタイプを使うのがよい。こうした形であれば、大切な万年筆をしっかり保護してくれる。そして、万年筆のペンケースを選ぶ際に個人的に気をつけているのが、留め具に金具を使っていないことだ。何かの拍子に金具が万年筆のボディに当たってしまうことも起こりうるからだ。

1本ずつ独立して収納できるペンケースを選びたい

メインテナンス

万年筆のメインテナンスは面倒に思われるかもしれない。実はメインテナンスとして真っ先に考えるべきことは、「万年筆を日々使い続けること」にある。これが何よりのメインテナンスになるといわれている。

万年筆でよくあるトラブルは、入れっ放しにしたインクが万年筆の中で乾燥してしまうことだ。しかし、日々使っていればそうした心配はない。毎日少しでもよいから使ってあげたい。それでもインクが乾いてしまい、新しいインクを入れても出が悪いというときに、以下のメインテナンスを覚えておくと便利である。

なお、インクの吸入方式によって少し違いはあるが、基本は水だけで済むという点は変わらない。

吸入式ならびにコンバータ式の場合

①コップに水を入れて、その中にペン先を沈め、吸入機構を使い、水を吸い上げたり吐き出したりを繰り返す。
②コップの水を入れ替えて、①の作業を水がインクで汚れなくなるまで繰り返す。
③毛羽立ちの少ない布でペン先を拭いて、内部を乾燥させてから新しいインクを吸い上げる。

吸入式・コンバータ式のメインテナンス法

カートリッジ式の場合

①吸入式のように、自ら水を吸い上げたり吐き出したりができないので、カートリッジを外してペン先ユニットだけにする。
②水道の蛇口から細めに水を流しっ放しにし、ペン先ユニットの後側（カートリッジを差し込む側）から水を流し込んでクリーニングをする。
③ペン先から固まったインクが溶け出してくる。透明な水が出てくるようになれば完了。

万年筆にふさわしい紙を用意する

ITEM 139

満寿屋

お名前入り原稿用紙

（クリーム紙B5）

川端康成、三島由紀夫など、文豪がこよなく愛した満寿屋の原稿用紙。この原稿用紙に自分の名前を入れて印刷してくれるサービスがある。自分の名前が入った原稿用紙は、書くときの気分を大いに盛り上げてくれる。ただ原稿用紙というと、ビジネスの場ではあまり使わないイメージがあるかもしれない。そこで、私がオススメしたいのが、B5判というハーフサイズの原稿用紙だ。これはもともと作家が旅先でも原稿が書けるように携帯性を考えて作られたもの。マス目の形、罫線の向きや色など、さまざまなタイプから自分の好みのものを選べる。このサイズであれば、便箋やレポートパッド代わりにと、気軽に使うことができる。もちろん、本来の用途である原稿執筆にも良い。昨今のデスク環境を考えれば、パソコンが大きくスペースを占めているので、こうしたコンパクトな原稿用紙のほうが、今の時代にピッタリともいえる。多くの文豪が愛用していることからもわかるように、特に万年筆での書き味が格別で、筆が気持ち良く進んでいく。インクの吸い込みが速く、心なしか筆跡が細めになる印象がある。B5サイズなので、A4クリアホルダーなどにも入れて保管・携帯できる。100枚入り、20冊。
［¥23000 ～、アサヒヤ紙文具店］

私が特注した原稿用紙。名前に加えてロゴを入れ、罫線もユルユルにしている（特注料金）

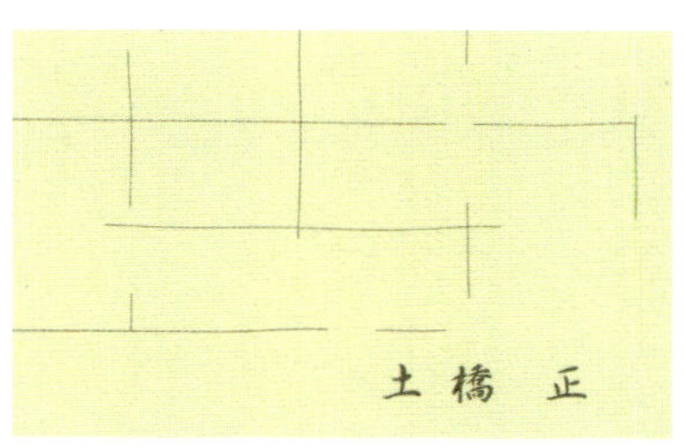

左下に控えめに入る自分の名前。ちょっとした作家気分が味わえる

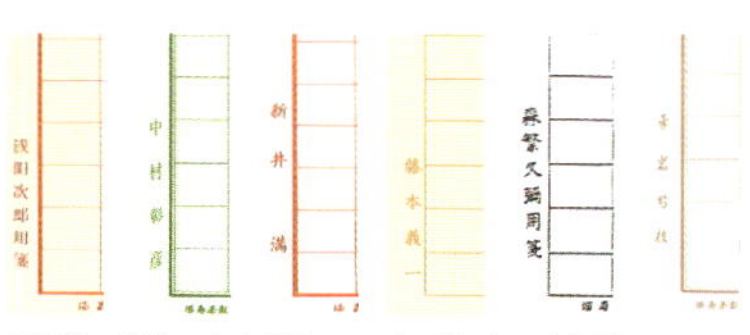

6 種類の書体の中から選べ、プレゼントにも最適

原稿用紙をあつらえる

14

鉛筆を使いこなす

子どもの頃はよく使っていたけれど、大人になってからは鉛筆をほとんど手にすることがなくなったという方が多いと思う。そんな鉛筆だが、実はビジネスの場面でも大いに活躍してくれる。実際、私は日々の仕事でよく使っている。一番出番が多いのは、企画などを考えるときだ。鉛筆の筆跡は筆圧加減で薄くも濃くも自在に表現できる。アイディアの微妙なニュアンスを書き分けられる。ここでは鉛筆の魅力やオススメの鉛筆、鉛筆を取り巻くさまざまなツールを紹介しよう。鉛筆再デビューをすると、子どものときとはまた違う印象を受けるだろう。

鉛筆の魅力

鉛筆の良さはいろいろあるが、まず挙げたいのは、1本で多彩な表現が可能であるところだ。軽い筆圧で書けば薄く細い線になり、グイと力を入れれば力強く太い線になる。鉛筆を少し寝かせて書けば帯状の筆跡にもなる。

デッサンでは、鉛筆のこうした表現力を駆使して1枚の絵を描き上げてしまう。一見すると、単機能の筆記具だが、実はこうした多機能な面を併せ持っている。

私の場合は、考えるときによく手にする。私はこの鉛筆の表現力で自分の考えの良し悪しを書き分けている。何か企画を考えるときに、「まあまあなアイディアだな」というときは薄く書き、「これはいいぞ」というときは濃く書いていく。多色ボールペンのようにカチカチと芯を入れ替えなくても、力の入れ具合1つで考えのニュアンスを書き分けられる。

鉛筆には、直感的に使える良さがある。キャップを外したり、ノックをしたりすることが全く必要ない。手にしたら、すぐさま書き始められる。道具を使うことに頭を一切使わずに済むので、「考える」ことだけに集中させてくれる。そのためだろうか、鉛筆を手にすると、脳と鉛筆が太いパイプでつながったような感覚がある。私にとって鉛筆は言わば「脳直結」筆記具なのである。

いろいろな書き味

文具店の鉛筆売り場に行ってみると、いろいろなメーカー（ブランド）のものが並んでいて、目移りしてしまう。果たしてどれが自分に合った鉛筆なのか、わからないものだ。ボールペンの書き味がメーカーごとに微妙に違うように、鉛筆にもそれぞれ個性がある。せっかく鉛筆を仕事で使っていくのなら、一度、どれが自分の手にしっくりくるか、腰を据えて比較検討してみるといいと思う。

そもそも鉛筆には、HBやBといった芯の硬度がある。芯は黒鉛と粘土でできていて、その割合で硬度が決まる。黒鉛が多くなれば、2B、3Bと柔らかい書き味で筆跡は濃くなり、粘土が多くなれば2H、3Hと硬い書き味で薄い筆跡となっていく。ただ、ここで注意すべきは、A社のHBとB社のHBが同じ書き味、濃さとは限らないところだ。あくまでもメーカーごとにH 〜 Bの濃さ・硬さの順列があるという具合になっている。

そのため、まずはHBやB、2Bなど自分がよく使う硬度で各ブランドの鉛筆を買って、いつも使っているノートに書いて比べるのがいい。鉛筆は最高級のものでも、1本200

円以内で手に入るので、懐にも優しい。

基本的に書き味というものは、人それぞれ感じ方が違うので各自で試して決めていくしかない。しかし、それでは身もフタもないので、私のインプレッションを参考までにご紹介したいと思う。

せっかく鉛筆再デビューをするのだから、この機会に各ブランドの最高峰を使ってみてほしい。オススメは、三菱鉛筆の「ハイユニ」、トンボ鉛筆の「モノ100」、ステッドラーの「マルス ルモグラフ」、ファーバーカステルの「カステル9000番」の4本だ。同じ硬度、たとえばBで上記4本を書き比べてみると、こんなに違うのかというくらい個性がはっきりと感じられる。

この中で一番書き味が滑らかで筆跡も濃く書けるのが、三菱の「ハイユニ」。その次に滑らかなのは、トンボの「モノ100」とステッドラーの「マルス ルモグラフ」。この2本の書き味の差はかなり微妙だ。ほんのわずかだが、「モノ100」のほうが書いたときにワックス感というか、油が混ぜ込まれたような感触が手に残る。いずれも筆跡は「ハイユニ」よりいくぶん薄めな印象である。

滑らかさという点で4番目となるのが、「カステル9000番」。これはとても硬質な書き味で、私の尺度では、BというよりはHBやHのように感じられた。このように、同じ硬度で比べてもこれだけの個性に違いがある。

どれが一番ということではなく、どの書き味が自分に合っているかで決めていくとよい。選ぶポイントとしては、書いていて心地良いというよりも、自然に書けるという点で選んだほうがよいだろう。ちなみに、私が自然に書けたのは、「モノ100」の2Bだった。ほどよく滑らかに書け、力の入れ具合で濃くも薄くも、と濃淡のコントロールが自然にできた。

各ブランドの最高峰鉛筆（Bの筆跡）

ITEM 140
三菱鉛筆
ハイユニ

ITEM 141
トンボ鉛筆
モノ100

ITEM 142
ステッドラー
マルス ルモグラフ

ITEM 143
ファーバーカステル
カステル 9000番

左から［¥140、三菱鉛筆／¥140、トンボ鉛筆／¥160、ステッドラー日本／¥150、DKSH ジャパン］

自分好みに鉛筆を削る

いろいろと検討して、お気に入りの鉛筆が決まったら、次にこだわりたいのが鉛筆削りだ。鉛筆削りは、鉛筆ライフの楽しさを倍増させてくれる道具だ。鉛筆は削り方ひとつで、太字や細字などさらに自分好みに仕上げることができる。

自分で削る定番ツール

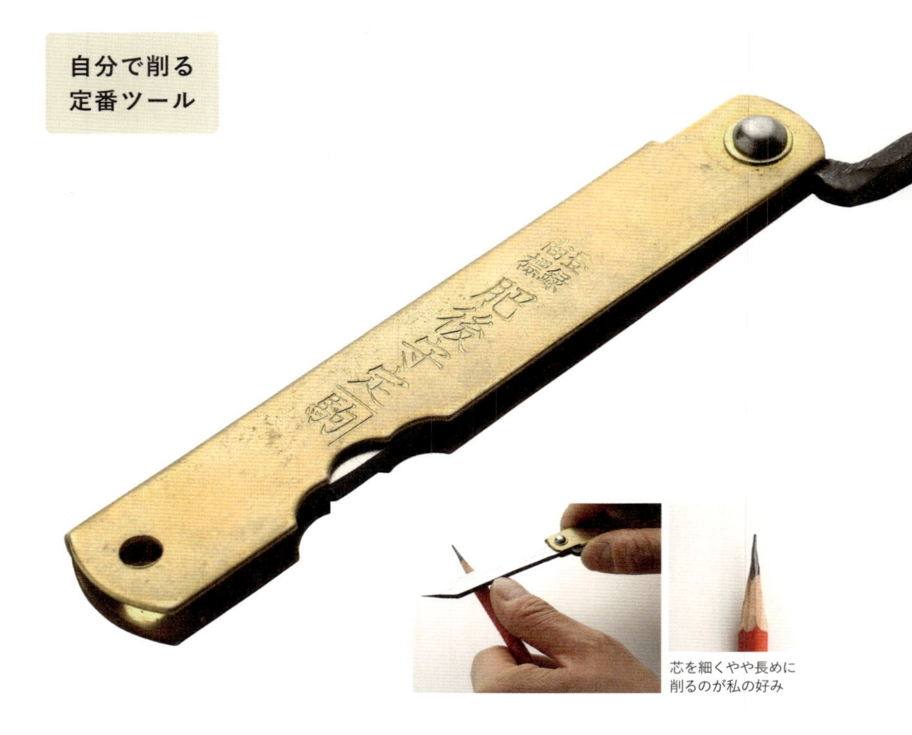

芯を細くやや長めに削るのが私の好み

ITEM 永尾駒製作所
144 肥後守ナイフ 青紙割込（中）

自分好みを極めたいなら、小刀の「肥後守」がオススメ。ナイフで鉛筆を削るというと、ひるんでしまう人がほとんどではないだろうか。私も子どもの頃、カッターで削ったことがあるが、うまく削れた記憶がない。しかし、この肥後守を手に鉛筆を削ってみると、これが結構うまくいく。それはカッターなどと違い、刃先が広いという点に理由があるようだ。カッターの刃先は、先端にしかないが、肥後守は刃の幅の半分くらいまである。これにより刃のコントロールがしやすくなる。ザクザクと削り、自分好みの鉛筆に仕立てる作業は楽しい。私の好みは、芯を細くやや長めに削るスタイル。こうすると細い筆跡が長く味わえる。［¥1653、永尾駒製作所］

ITEM
145
KUM
オートマチック ロングポイント シャープナー

自分好みの鉛筆にはしたいが、ナイフを使うのは面倒くさいという人は、このシャープナーがよいだろう。穴に挿して鉛筆を回しながら削るタイプだ。その穴が2つある。1つ目の穴でまず木軸だけを削り、芯先をどれだけ長くするかを調整していく。次に、もう1つの穴に差し込んで、今度は芯だけを削っていく。別々に削ることで、芯を少し長めにするといったカスタマイズ仕上げが可能となる。［¥800、レイメイ藤井］

木軸と芯を
別々に削る

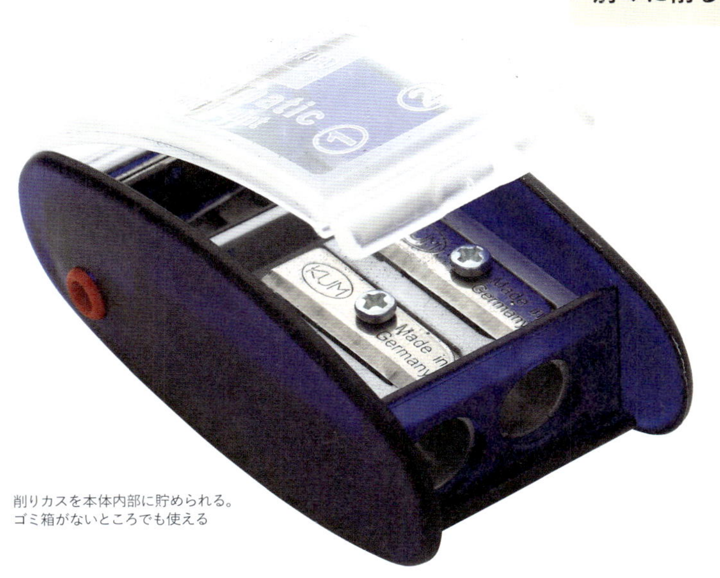

削りカスを本体内部に貯められる。
ゴミ箱がないところでも使える

一生モノの
鉛筆削り器

ITEM
146
カール事務器
エンゼル5 ロイヤル

削り仕上げのカスタマイズよりも、とにかくキリリと芯を尖らせたいなら、この「エンゼル5 ロイヤル」がいい。ハンドル式の鉛筆削りの中でも、大人向けのメタルボディ仕様。この鉛筆削りは、シャープラインという削り方ができるのが特長。芯の外側のラインがやや内側に凹んだ弓なりになる。つまり、芯先がより細く仕上げられるのだ。こちらも、細かい筆跡を長く書けるので、日本語向きといえる。芯先の太さが2段階に調整できる機能がついている。[¥3000、カール事務器]

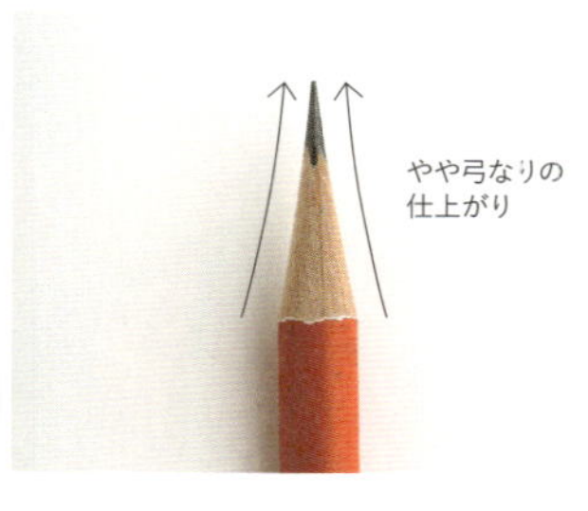

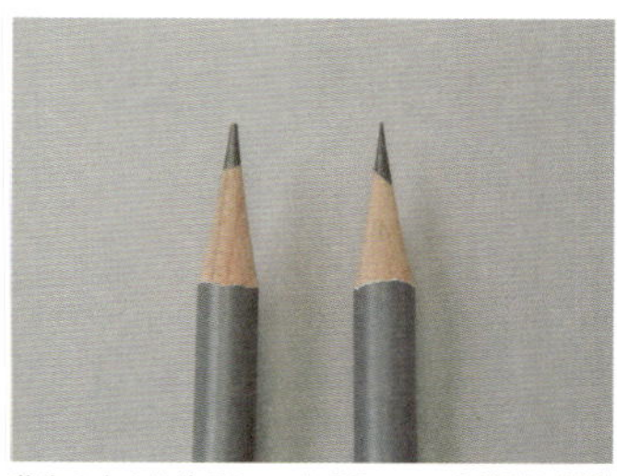
芯先の太さは約 0.5mm と 0.9mm の 2 段階に調整できる

削った芯を保護するキャップ

せっかく自分好みに削った芯を折ったりしないように、ペンケースなどに収納する際はキャップを付けておきたい。大人向けの鉛筆キャップをセレクトしてみた。

ITEM 147 CRAFT A + ブンドキ.com
オリジナル木製鉛筆キャップ

鉛筆の軸は木製なので、この木製キャップとの相性はこの上なく良い。木の種類によって黒や茶系、ナチュラル系といろいろあるので、鉛筆のカラーと合わせるのも楽しい。内側には板バネが組み込まれており、しっかり固定できる。なお、携帯しやすいクリップ付きのタイプもある。これなら、シャツのポケットに携帯できる。[¥900 ～、ブンドキ .com]

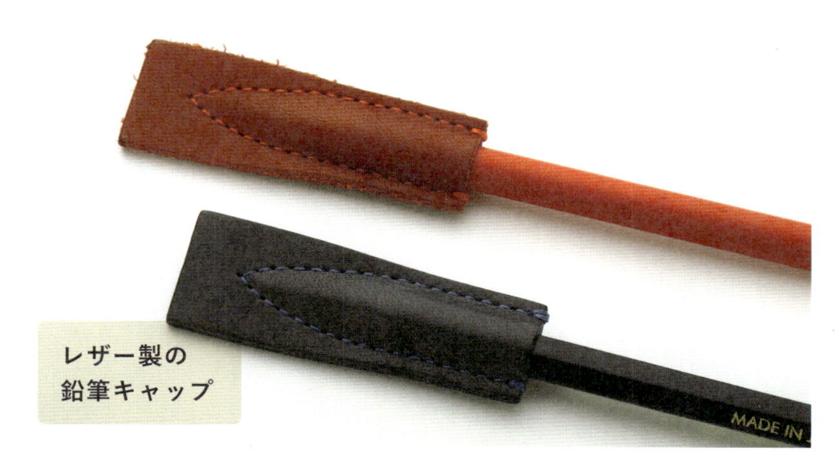

ITEM 148 アスメデル
鉛筆キャップ

先端が平らになっているので、キャップを外しやすい。何より鉛筆にセットした姿が個性的になる。本革製なのにリーズナブルなプライスも嬉しい。[¥300、エリナ]

短くなった鉛筆を末永く使う

鉛筆は使っていくほどに、どんどん削られて短くなる。もはや単体では握れなくなったら、補助軸の出番だ。これにセットするとお気に入りの鉛筆と、最後の最後までとことん付き合える。

ITEM 149 ロゼッタ
ペンシル・エクステンダー

ブラックメタルのグリップ、そしてシックなカラー樹脂製ボディを持つ、まさに大人のための補助軸。作り込みが精巧で、可動部であるグリップとボディの境目がほぼフラットになる。段差がないので握り心地がいい。[¥2200、ブンドキ .com]

大人のための補助軸

ITEM 150 銀座・伊東屋
ヘルベチカ ペンシルエクステンダー

一般的な補助軸は、鉛筆を固定するためのネジ留めが先端にあるが、これは後ろ側。鉛筆をセットした姿がスマートになる。[¥550、銀座・伊東屋]

スマートな補助軸

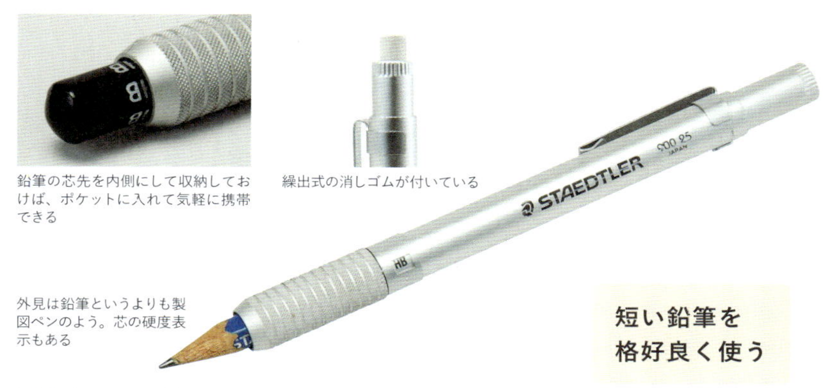

鉛筆の芯先を内側にして収納しておけば、ポケットに入れて気軽に携帯できる

繰出式の消しゴムが付いている

外見は鉛筆というよりも製図ペンのよう。芯の硬度表示もある

短い鉛筆を格好良く使う

ITEM 151 ステッドラー

ペンシルホルダー

これはデザイン性、そして持つ楽しさまで味わわせてくれる補助軸だ。ステッドラーお得意のまるで製図ペンのような出で立ち。しっかりと握れるグリップ、そしてエンドには繰出式の消しゴムまで付いている。短くなった鉛筆を大切に、そして格好良く最後の最後まで使い続けることができる。[¥2000、ステッドラー日本]

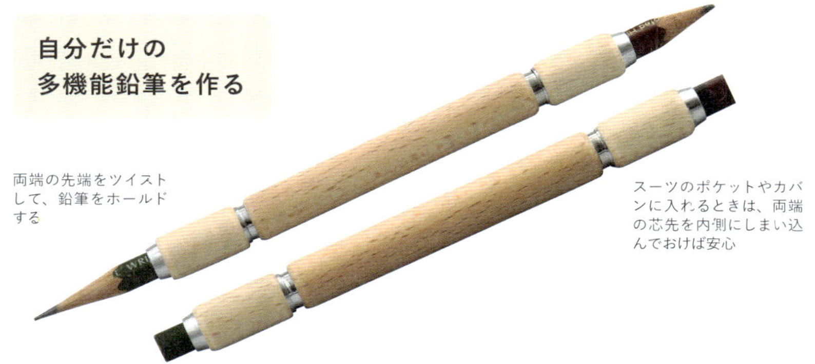

自分だけの多機能鉛筆を作る

両端の先端をツイストして、鉛筆をホールドする

スーツのポケットやカバンに入れるときは、両端の芯先を内側にしまい込んでおけば安心

ITEM 152 東京スライダ

木製エクステンダーツイン

この補助軸は両端に穴が開いていて筒状という造り。両端に鉛筆を1本ずつセットできるようになっている。これによって、いろいろな楽しみ方ができる。たとえば、よく使うHBの鉛筆とチェック用の赤鉛筆をセットしたり、お気に入りの鉛筆の銘柄と硬度があれば、同じ鉛筆を両端にセットしておく。こうしておけば、片側の鉛筆の芯先が丸くなってしまっても、反対側の新しい鉛筆をすぐに使うことができる。外出が多く、鉛筆を削ることができない場合などには便利だ。つまり、この補助軸で自分のお気に入りの多機能鉛筆が作れてしまう。[¥700、東京スライダ]

こんな鉛筆もある

長持ちする
鉛筆

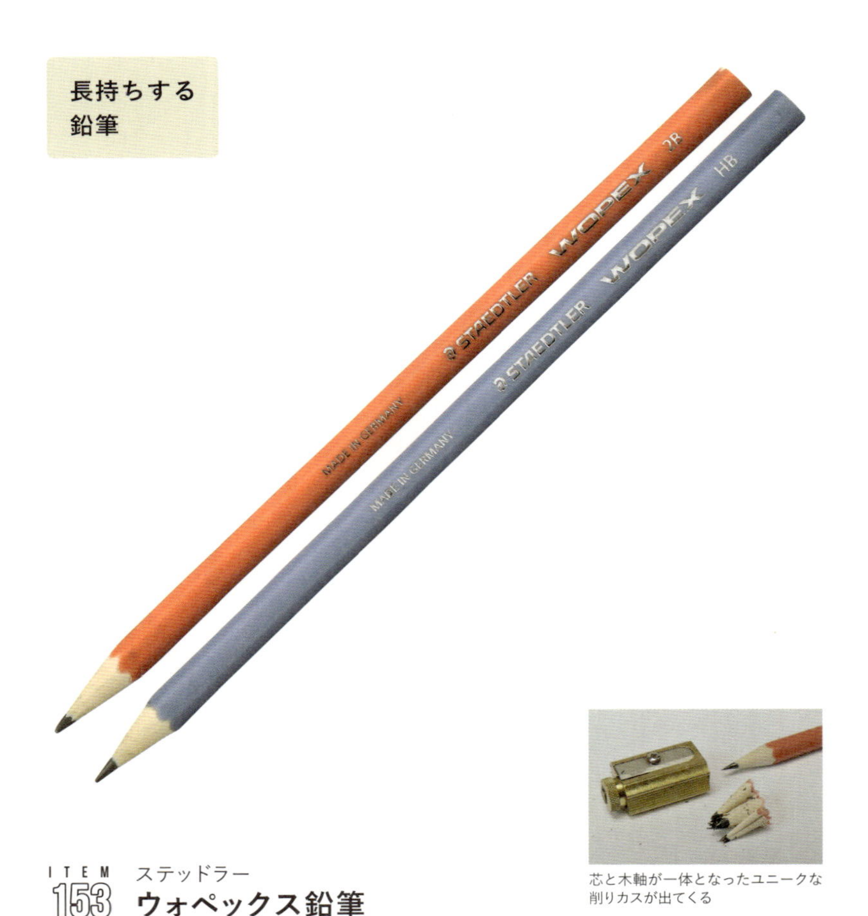

芯と木軸が一体となったユニークな
削りカスが出てくる

ITEM 153 ステッドラー
ウォペックス鉛筆

一見したところでは、従来の鉛筆と、さほど変わらないように見える。しかし、これは新世代の鉛筆。手にするとラバーのようなマットな質感があり、さらに驚かされるのは、鉛筆にしてはズシリと重い点。この「ウォペックス」という鉛筆は、芯、軸、塗装部樹脂をそれぞれチップ状に加工し、鉛筆状に押し出しながら凝縮させるという従来の鉛筆とは全く違う製法。それだけではない。私たちが仕事で使用していく上で、とても便利な面がある。それは、書いても芯がなかなか減らないということ。従来の鉛筆に比べ、筆記距離が飛躍的に延びたという。キリリと尖った芯先を長い間味わえるので、鉛筆を削る回数が減って効率的である。[¥100、ステッドラー日本]

ITEM 154 ステッドラー

ザ・ペンシル セット

マットなブラックとシルバーの大人な雰囲気の鉛筆。鉛筆は前述のウォペックス製法で作られたもの。ウォペックス鉛筆の書き心地は、少々硬めの印象がある。後ろにはタブレット操作に使えるタッチペンがある。鉛筆のどこを握ってもタブレットに反応する静電容量方式。キャップの根元をツイストさせると、サイドのスリットが開き、鉛筆を差し込んで回すと削れる。鉛筆3本入り。[¥5000、ステッドラー日本]

キャップには鉛筆削りと消しゴムが内臓されている

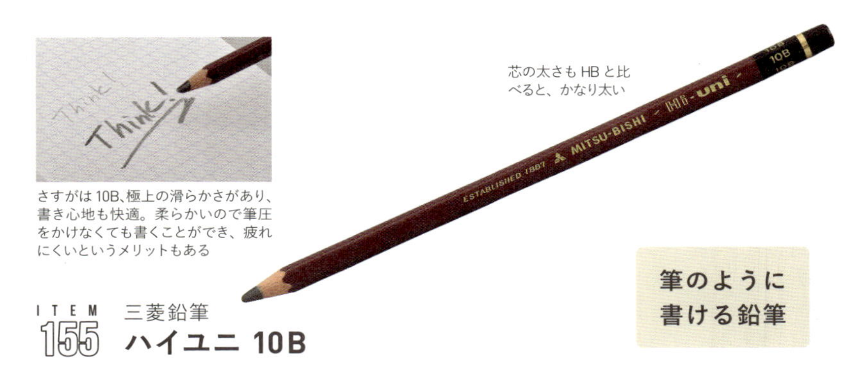

芯の太さもHBと比べると、かなり太い

さすがは10B、極上の滑らかさがあり、書き心地も快適。柔らかいので筆圧をかけなくても書くことができ、疲れにくいというメリットもある

筆のように書ける鉛筆

ITEM 155 三菱鉛筆
ハイユニ 10B

小学校で書き方を習う際に使う鉛筆。これは鉛筆のほうが漢字特有のトメ、ハネ、ハライが表現できるためで、今なお、ほとんどの小学校で採用されている。ちなみに低学年では、より柔らかなBや2Bなどがよく使われているようだ。柔らかいほうが、トメ、ハネ、ハライなどの表現はしやすい。そして、その究極ともいえるのが「ハイユニ10B鉛筆」。10Bという硬度は、世界的にもこれ以上柔らかいものはないという。つまり世界最高峰の柔らかさということになる。これが実に気持ち良い。これまでの鉛筆の概念を覆してしまうほどの滑らかさ。しかも、トメ、ハネ、ハライがいつも以上に表現できる。これで重要な伝言メモを書けば、目立ち度は抜群ではないだろうか。[¥140、三菱鉛筆]

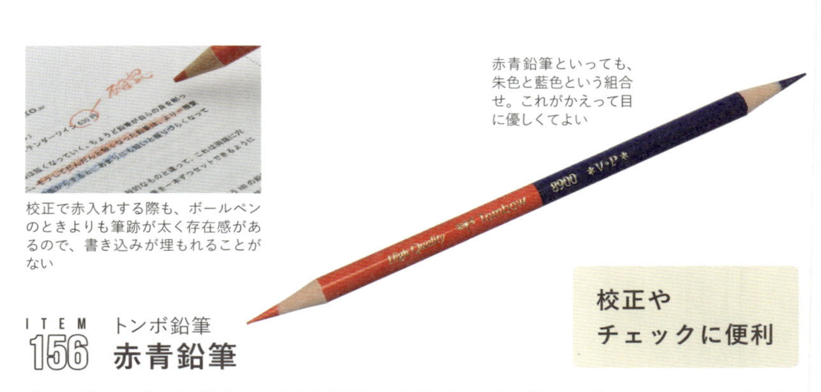

赤青鉛筆といっても、朱色と藍色という組合せ。これがかえって目に優しくてよい

校正で赤入れする際も、ボールペンのときよりも筆跡が太く存在感があるので、書き込みが埋もれることがない

校正やチェックに便利

ITEM 156 トンボ鉛筆
赤青鉛筆

昔ながらの「赤青鉛筆」。今も新聞社や出版社などで校正に使われている。私の知り合いのデザイナーは、これをデザインスケッチの彩色に使っている。赤は暖色で浮き上がって見え、一方の青は寒色で沈んで見える。これを利用してスケッチを立体的に見せることができるという。塗るのは絵ばかりではなく、文字でもよい。たとえば、書類の中で重要なところを目立たせる際に、これで赤や青に塗り込む。下の文字もしっかり判読でき、同時に目立たせることができる。蛍光マーカーと違って、キャップを外す手間がいらない。昔ながらのベーシックな鉛筆だが、思いのほか、用途はたくさんある。[¥60、トンボ鉛筆]

プラスチックやガラスに書ける色鉛筆

ITEM 157 三菱鉛筆

水性ダーマトグラフ

ダーマトグラフは、プラスチックやガラス、金属といった表面がツルツルとしたところにも書いていける筆記用具である。見た目は色鉛筆だが、書き味はクレヨンに近い。以前はカメラマンの間で、透明のケースに入れたポジフィルムにコメントを書き込むときなどによく使われていた。これは水性なので、水で濡らした布などで拭けば消すこともできる。引き出しに1本忍ばせておくとちょっとしたときに便利だ。［¥100、三菱鉛筆］

クリアホルダーにタイトルを書き込むときに便利

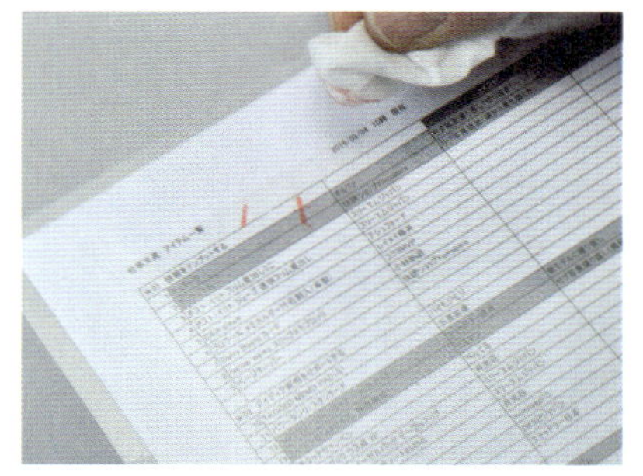
濡れたもので拭くと、簡単に消すことができる

超多色の
色鉛筆

ITEM
158
ぺんてる
マルチ8

これは8色の色鉛筆が入っている多色鉛筆。多色ペンというのは、一般的に色数が増えるほどにペンの軸が太くなるが、これは8色も入っているとは思えないほどのスリムボディ。それぞれの色を出すには、まずボディをツイストして、クリップの先端を自分の出したい色のインデックスに合わせる。その状態でノックボタンを押し込むと、その色の芯がスルスルと出てくる。ノックボタンを押したまま、芯をちょうどよい長さに調整して、ノックボタンを戻す。使い方は、製図などで使われる芯ホルダーに似ている。赤・青・緑・茶・橙・黄といった通常の色鉛筆以外にちょっと変わったところでは、コピーしても写らないノンコピー芯というものも2種類備わっている。発売当初、このノンコピー芯は、漫画家がよく使っていたそうだ。漫画家は、まず鉛筆で下書きをして、その上からペンで書いていき、最終的に、下書きの鉛筆を消しゴムで消していたという。下書きを「マルチ8」のノンコピー芯で書き、コピーを取れば、下書きは写らず、消す手間も省ける。こうした使い方は、ビジネスの場でも応用できそうだ。このようにたくさんの色を備えている「マルチ8」は、マーカー的に使ったり、たくさんの色を使うマインドマップなど、いろいろな場面で活躍してくれる。[¥2000、ぺんてる]

色鉛筆セットはケースがあってかさばるが、これはペンタイプなので、気軽に持ち出せる

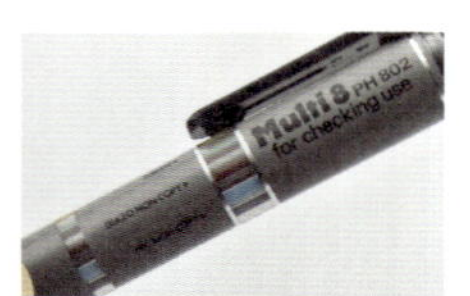

赤・青・緑・茶・橙・黄・ジアゾノンコピー芯・PPC ノンコピー芯の8色が備わっている。替芯も別売りされている

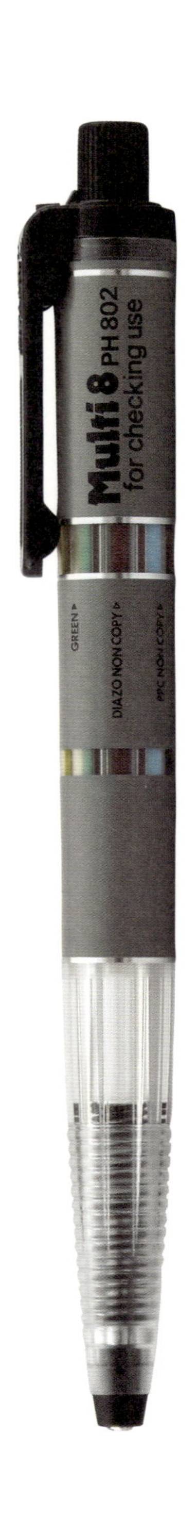

ITEM クツワ
159 鉛筆の蛍光マーカー

英語で「ハイライター」というように、目立たせるのが仕事の蛍光ペン。これはその鉛筆タイプ。鉛筆だと、いちいちキャップを開けたり閉めたりがいらない。そして、インクタイプより筆記距離が長くなる、つまり長持ち。鉛筆とはいえ、文字の上から塗っても下の文字はしっかり読める。[¥220、クツワ]

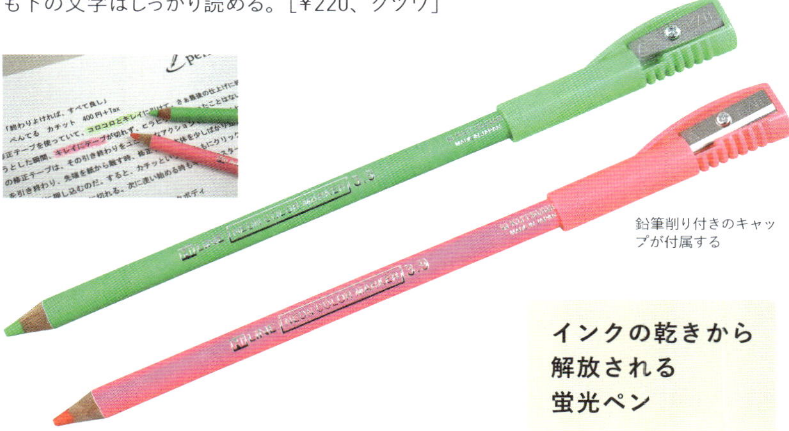

鉛筆削り付きのキャップが付属する

ITEM 銀座吉田
160 ペンシルクリップ（シルバー）

鉛筆にあと付けできるクリップ。ノートの表紙などに鉛筆を挟むときに便利だ。軸の太さにもよるが、クリップのないボールペンや、丸軸の鉛筆に装着すれば転がり防止にもなる。3個入り。[¥300、銀座吉田]

15

集中力がアップする単機能なボールペン

ボールペンといえば、何色も使える多機能タイプやシャープペンも搭載した多機能などが人気だ。以前は私も多機能タイプを好んで使っていた。外出の際に荷物を増やしたくないときなどは確かに便利だが、デスクワークではもっぱら単機能なペンばかりを使っている。一番の理由はその作業に集中できるからだ。書く前にどの色を出すという「選ぶ」作業がいらない。単機能ペンは、ノックしたりツイストすればすぐに書ける。多機能と違って単機能は1つの機能しかない。他のことに惑わされずに、ただただ1つの作業に集中できる。私は単機能ペンを持つと、その作業のためのスイッチが入るのを感じる。また、逆説的だが、単機能なペンを持つと脳は多機能になるのを感じる。多機能ペンのように、どのペンを出そうとかといったわずらわしいことから解き放たれるので、その分、脳は本来の仕事である仕事をするということに集中させてくれる。

ITEM 161 カランダッシュ
849ボールペン

「カランダッシュ」は、ロシア語で鉛筆を意味する。その生い立ちを象徴する六角軸の鉛筆フォルム、しかも使い込んで油が乗り切ったほどよい短さだ。この「849コレクション」はボディが1つのパーツで出来ている。一般的なペンは中央につなぎ目があるものが多い。1つのパーツであると何が良いのか？ それはトラブルを起こすリスクが最小限になるというのがある。パーツが多くなれば、その分、可動部が増えていろいろなことが起こりえる。ただ1つのパーツといっても決して簡単に作れるものではない。むしろ精度が求められる。たとえば、ペン先部分はペン先が出たり入ったりする。同時に書き味を左右する大切な部分だ。そこをがたつきがないようにしなくてはならない。また、分解してみるとわかるが、ノック機構はボタンとリフィルパーツとスプリングだけという最少限の構成。分解したボディを望遠鏡のように覗くと、ほとんどさえぎるものはなく、向こう側が見えてしまう。つまり、1本の筒状ボディに余計なものを付けずに、それ自体の精度を上げることでリフィルやノックボタンの固定まで行っている。また、専用リフィルには「ゴリアット」（ギリシャ神話の巨人）という名前まで付いている。通常のボールペンの筆記距離が1.5km であるのに対して、ゴリアットは8km も書けるというから驚きだ。[¥3000、カランダッシュ ジャパン]

一般的なボールペンより小ぶりで鉛筆に近い握り心地

ノックボタンを押すと、大容量のインクタンクが出てくる

アンダー2000円で
手に入る
デザインペン

ITEM 162 トンボ鉛筆
ZOOM L105

ヨーロッパでもデザイン的評価が高い「トンボ デザインコレクション」。これは、なめらか油性リフィルを搭載した単機能ボールペン。ボディラインは、ほぼストレートで実にシンプル。それなのに存在感というものもしっかりと併せ持っている。スラッとしたボディラインの中でシャープなクリップがバランス良く配置されている。後軸をツイストするとペン先が繰り出される。ボール径は0.5mm で、手帳にも使いやすい。ボディのほどよい重みを活かしてなめらかインクを操る心地良さがある。
[¥1800、トンボ鉛筆]

メタルボディで重量感がある。後軸をツイストするとペン先が出てくる

ITEM 163 銀座・伊東屋

ロメオ No.3 ボールペン（細軸）

クラシカルなデザインのボールペン。天冠には時計の竜頭をモチーフにしたギザギザダイヤルがある。ここをまさに竜頭のようにツイストすると、ペン先が繰り出される。このリフィルの低粘度油性インクがとてもなめらか。インクの吐出量もタップリとしていて、なめらかにペン先が進んで行く。人とは違う個性的なペンをお探しの方にはオススメ。［¥7000、銀座・伊東屋］

ボディのマーブル模様は1本1本違う。ダイヤルをツイストするとペン先が出てくる

書いた瞬間にわかるまろやかな書き味

極上の
まろやかさ

ITEM 164 パイロット

コクーン ボールペン

パイロットのなめらか油性ボールペンインキ「アクロインキ」。そのインクを使った「コクーン」。丸みを帯びたシンプルなシルエットが美しい。ボディをツイストして、ペン先を繰り出して書いてみると、感じるのがバランスの良さだ。ボディの重量バランスが中央にあるので、ライティング・ポジションが決まりやすく、ペン先をスムーズに運べる。ペンと口金のスキ間もほとんどなく、安定感のあるなめらか筆記が堪能できる。ボール径はノート筆記に最適な0.7mm の細字。リフィルは100円とリーズナブルで嬉しい。[¥1500、パイロット]

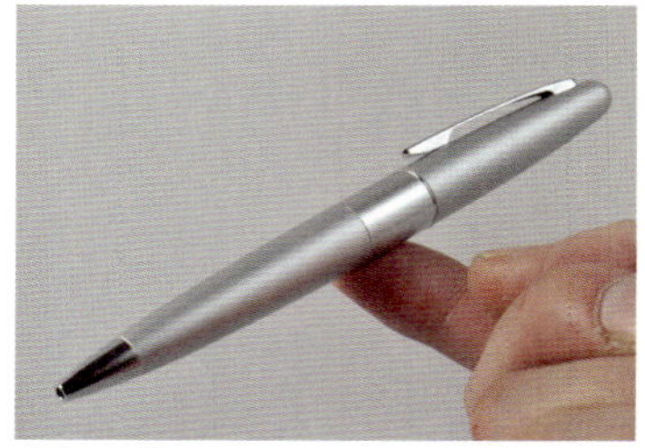

ボディの重量バランスはこのようにほぼ中央にある

低重心で楽しめる
アクロインキ

安定感のある
なめらかさ

ペン先を紙の上に置いて書き始める瞬間にエナージェルユーロらしさがある

書いた直後にこすっても、インクがにじまない

ITEM 165 ぺんてる

エナージェルユーロ

私が水性ゲルインクボールペンの中で気に入っているペンの1本。水性ゲルインクなのに、筆跡の乾きがすこぶる速い。実はこのペンは、欧米で大変人気がある。左利きの方は書いた筆跡の上にどんどん手が移動していく。エナージェルユーロはそうした書き方でもインクがすぐさま乾くので、筆跡を台なしにしない。左利きの多い欧米でその点が特に評価されているという。そのインクの速乾性に加え、私はキャップ式という点をことのほか気に入っている。しかもリフィルが交換できない使い切りタイプ。そのため、ペン先は口金に完全に固定されている。ノック式だと口金からペン先が出たり入ったりするため、ほんのわずかだがクリアランススペースを設けている。そのためペン先のがたつきを感じることがある。私はそれがとても気になる。特になめらかインクだと、せっかくのなめらかさも台なしになりかねない。その点でエナージェルユーロはその心配が全くない。エラストマー製のサラサラとしたグリップを握り、ペン先を紙の上に添えると、ペン先と紙の間に一瞬だけ油性のようなクッション性を感じる。そして次の瞬間、ペン先を走らせると一転してスムーズになる。その感触が実に心地良い。それを支えているのが、実はペン先の完全固定なのだと思う。ボール径は、1.0mm、0.7mm、0.5mm、0.35mmがあるが、私は0.7mmがお気に入り。そのブルーは発色がとても良い。[¥170、ぺんてる]

ITEM フィッシャー

166 アストロノート B-4

アポロ11号の有人月面着陸の際に採用されたフィッシャーの「スペースペン」。完全に密閉されたリフィルの中には、窒素ガスの圧力によりインクが常にペン先へといく構造になっており、無重力の宇宙空間でも書くことができる。そのリフィルをシックな格子ボディに搭載した「B-4」。ビジネスシーンにしっくりとくるデザインだ。このペンの楽しさは、そのプロ仕様リフィルの書き味もさることながら、書き始め、そして書き終わりにある。ノックボタンを押し込むと普通のノックボールペンとは違う感触がある。まるでハサミで切ったときのような金属同士が触れ合うジョキッという音がする。そして、その押し込んだノックの解除がまたよい。個人的にはこちらのほうが好きだ。ノックボタンのすぐ下にあるボタンを押す。やはりジョキッという音がしてノックボタンが戻るのだが、このときに重みのある感触が手の中に余韻のように残る。ボールペンの中にはシリンダーのようなものがあり、それが戻っていくというのが、ボディの外側からでもしっかりと感じ取れる。そして、今や主流となっているなめらかな系なボールペンとは違う、まったりとした書き味が楽しめる。［¥8000、ダイヤモンド］

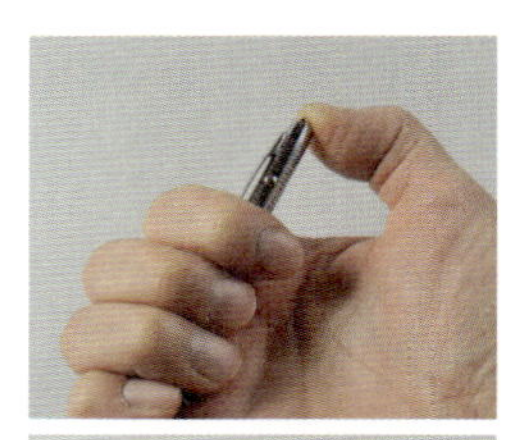

ノックボタンは後ろからで、戻すときはサイドボタンを押す

上向きに書いても、なめらかにインクが出てくる

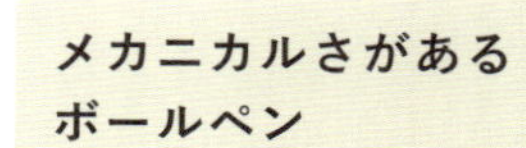

メカニカルさがある
ボールペン

RHODIA
Happy Birthday To You

16

「消す」を効率化する

書くという作業は、どうしても主役でもあるペンにスポットライトが当たりがちである。しかし、その「書く」作業を間違ってしまったとき、すぐさま駆け寄って消してくれるのが消しゴムをはじめとする「消す」道具たちである。消すというと、消極的なイメージがあるが、消すことも書くことと同じように「生み出す」ことをしっかりと担っている。企画書や提案書もそうだが、消して書くを繰り返しながら少しずつ完成へと近づけていく。その消す道具にスポットライトを当ててみた。良い消す道具は、書くという行為を積極的にさせてくれる。

スリムボディなので、消したい文字周りの視界も良好だ

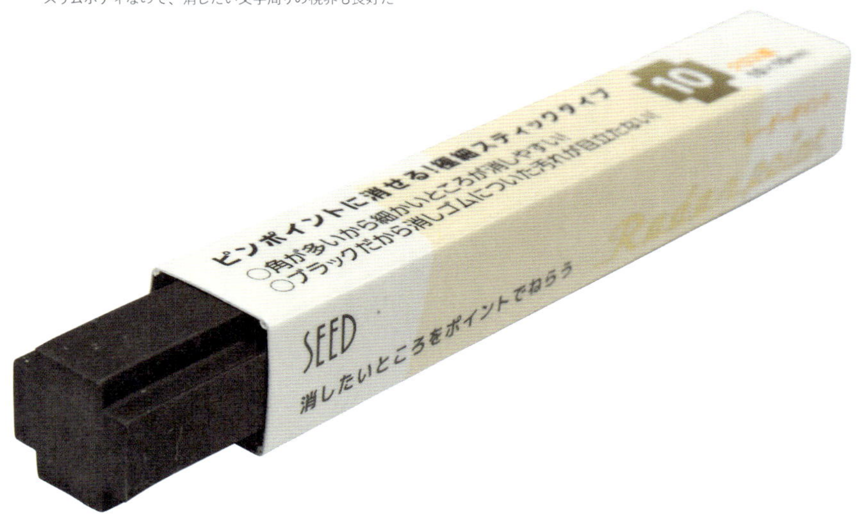

角が 2倍ある

ITEM 167 シード
レーダーポイント

子どもの頃の消しゴムの使い方は、書いたものをそっくり全部消したりするなど、消す面積が広かった。大人になった今は少しだけ、それこそ数字のところだけ消すというようなことが増えている。「レーダーポイント」は、そのチョイ消しが得意な消しゴム。断面を見ると、ちょうどクロス形になっている。細かく消すときは角を使うが、これはその角が一般の消しゴムの2倍ある。この形状のせいだろうか、スリムなわりにナヨッとしたところがない。［¥120、シード］

ITEM 168 サクラクレパス

アーチ消しゴム100

今や消しゴムの性能もすっかり向上して、消し心地はどれもだいたい満足のいくものになってきている。ただ、消しゴムに1つだけ注文をつけるとしたら、使っている途中で消しゴムがちぎれてしまうということ。消しゴムを使い切る前に、ちぎれてしまって仕方なく買い換えることになるのは本当に残念だ。この消しゴムは、そのちぎれについて対策を講じている。ケースを見ると、アーチ状にカットされている。これにより消しゴムの食い込み部分の負荷を軽減できる。具体的には、アーチ状のカットに沿って指を添えることで、食い込み部分より前側を握ることになって、消しゴムのしなりを抑えられるのだ。[¥100、サクラクレパス]

エンボス状のグリップがついている

4カ所にミシン目がある。もちろん、後ろからカットしてもよい

もげない工夫がされた消しごむ

ケースの口がアーチ状にカットされている。その部分に指を添えて消すだけでよい

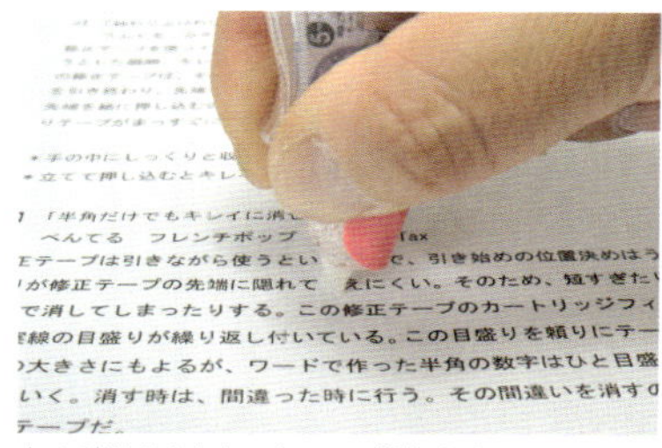

立てて押し込むとキレイにテープが切れる

終わりよければ、すべてよし

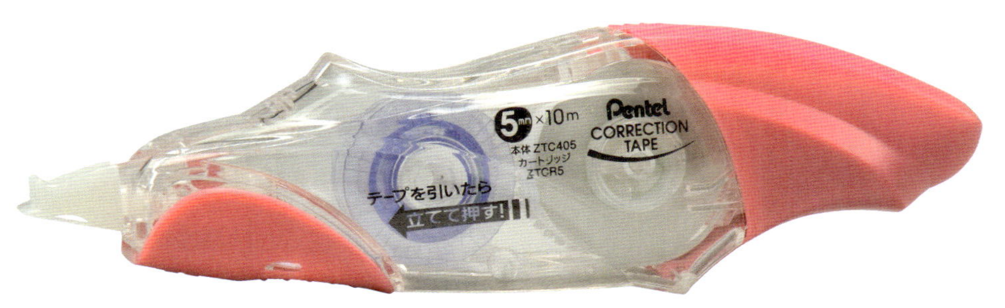

手の中にしっくりと収まるエルゴノミックボディ

ITEM 169 ぺんてる カチット

修正テープを使うとき、コロコロとキレイに引いた後、紙から離そうとしたその瞬間、うまくテープが切れず、ヒラヒラしてしまったことはないだろうか。「カチット」は、その引き終わりをユニークなアクションでキレイに仕上げてくれる。修正テープを引き終わり、先端を紙から離すとき、ボディを少しばかり立てて、従来とは逆に先端を紙に押し込むのだ。すると、カチッという音とともにクリック感があり、それによりテープがまっすぐに切れる。次に使い始めるときもキレイなスタートを切ることができる。[¥400、ぺんてる]

ITEM 170 シード
修正テープはがし

修正テープはとても便利だが、消すときに、勢い余って、余分な文字まで消してしまったということはないだろうか。そうしたときは、きっと多くの人は爪を立ててこすったりして急場をしのいでいると思う。そんなときに便利なのが、この「修正テープはがし」。消しゴムのように見えるこのアイテムは、消しゴムよりずっと硬めに作られている。引き過ぎた修正テープをこすってキレイに剥がすことができる。これは「間違えたのを修正するのを間違えたときに使う」というやや紛らわしいが、実に頼もしいツールである。[¥100、シード]

消してもそんなに大きく減ってしまうこともない

間違えたのを
修正するのを
間違えたときに

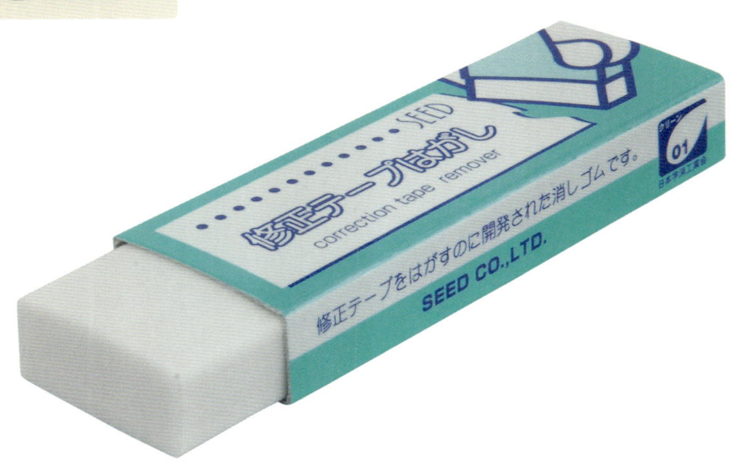

「修正」を修正できる

2種類の「消す」を搭載しているが、スリムなデザイン

ITEM 171 トンボ鉛筆

修正テープ モノ ps

これは、テープリムーバーがあらかじめセットされている修正テープ。テープ部分の反対側にあるキャップを開けると六角形の消しゴムのようなものが現れる。これがテープリムーバー。とても硬い素材で作られており、消しすぎた部分をこするとテープを剥がすことができる。間違えたところを消すだけでなく、消し間違えたところまで修正できる。［¥240、トンボ鉛筆］

テープリムーバーは硬いので、使ってもほとんど減らない

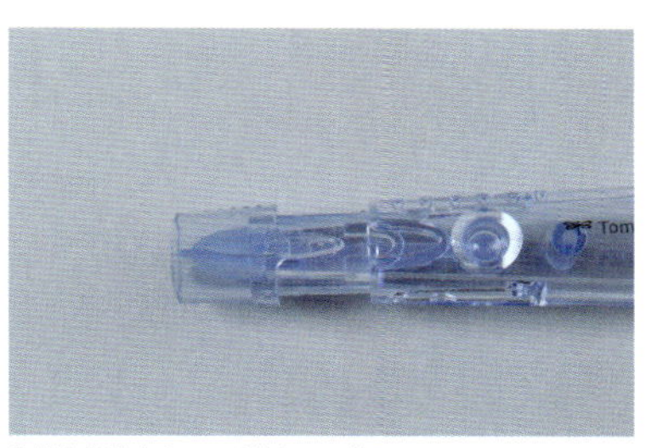

先端を保護するスライドカバー付き

ITEM 172

プラス
裏から見えない修正テープ

ボールペンで書いたものや、パソコンからプリントアウトした文字を消すときに使う修正テープ。これまでの修正テープは、表の面は確かに隠れた。しかし、紙を裏返して光にかざしてみると、消した文字が透けて見えてしまうという問題があった。一般的な修正ならこれでもいいが、消した文字を決して見られたくないという場合もある。そんなシチュエーションに便利なのが、この修正テープ。一見普通の修正テープのようだが、テープの裏側が特殊パターンになっているので、修正した文字が透けて見えないようになっている。プラスでは、これまで個人情報保護スタンプにこの特殊パターンを使ってきた。その技術をこの修正テープにも応用している。[¥300、プラス]

テープの裏側には、特殊パターンがぎっしりと印刷されている

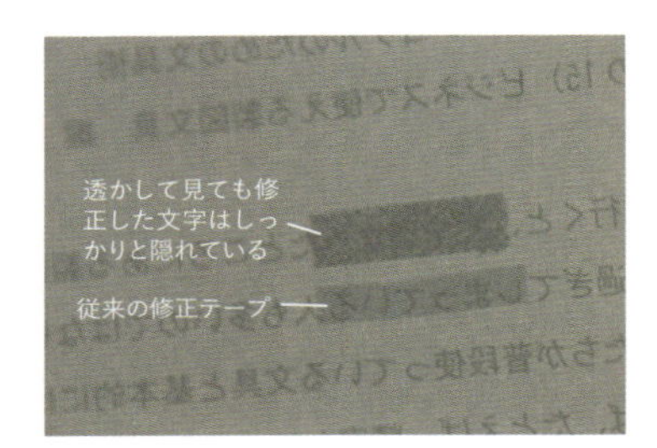

文字を確実に隠してくれる修正テープ

**半角だけでも
キレイに消せる**

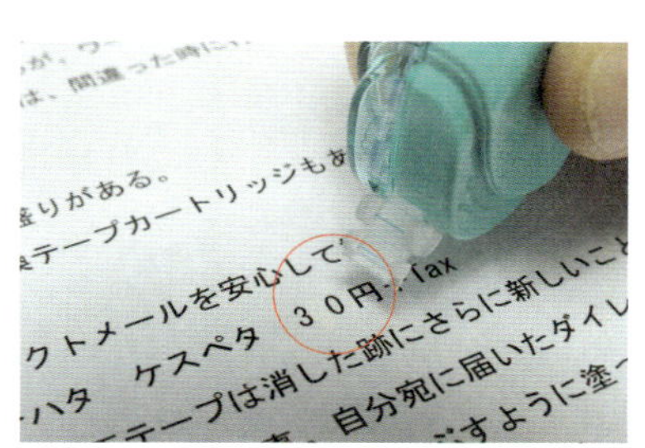

2ミリ間隔の目盛りは、文字単位で消すガイドになる

ITEM 173 ぺんてる

フレンチポップ マイカラー修正テープ

修正テープは引きながら使うということで、引き始めの位置決めはうまくいくが、引き終わりが修正テープの先端に隠れて見えにくい。そのため、短すぎたり逆に長すぎて隣の文字まで消してしまったりする。「フレンチポップ」のカートリッジフィルムには2ミリ間隔で点線、実線の目盛りが繰り返し付いている。この目盛りを頼りにテープを引いていけばよい。文字の大きさにもよるが、ワードで作った半角の数字は、1目盛り分だけ引くとおおかたうまく消せる。消す作業は、間違ったときに行う。その間違いを消すのを間違わないようにできる修正テープだ。[¥350、ぺんてる]

ITEM 174

ライオン事務器

消ゴムではがせる ミスノン

乾くのを待たずに修正できるということで、修正シーンにおいては、すっかり修正テープに押されがちな修正液。そんな中でも、この「消ゴムではがせるミスノン」は1つ持っておくと便利なアイテムである。修正したところが乾けば、いつも使っている消しゴムで剥がすことができるのだ。剥がせば修正前の状態に戻るので、上塗りで分厚くなることがない。本格的な修正はもちろん、一時的にマスキングしたいときにも便利である。[¥500、ライオン事務器]

従来の修正液と同じタイプ。ハケで塗っていく

乾いた後に消しゴムで剥がすことができる

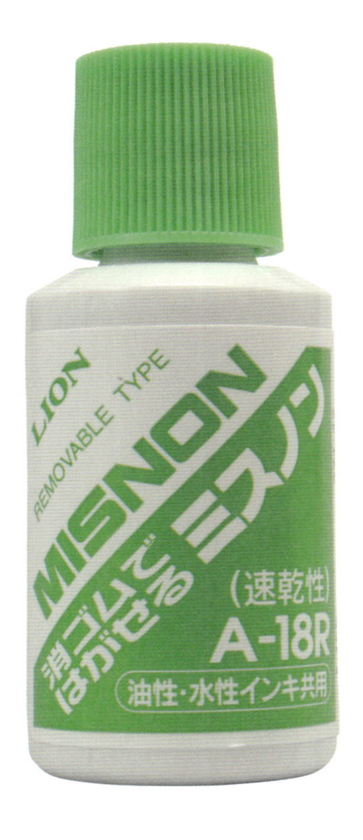

やり直しが利く
修正液

ITEM 175

シヤチハタ

個人情報保護のり ケスペタ

消しゴムや修正テープは消した跡にさらに新しい文字などを書いていくが、「ケスペタ」は、ただひたすら消し去ることが一番の仕事。自分宛てに届いたダイレクトメールの個人情報を消してくれる黒いのりだ。宛名を塗りつぶしたら、半分に折って貼り合わせてしまう。これまでのスタンプ式のものは、ゴミ箱の内側をインクで汚すことがあったが、これなら貼り合わせるので、その心配がない。[¥300、シヤチハタ]

ダイレクトメールを安心して処分できる

消したいところを塗りつぶし、貼り合わせてから廃棄

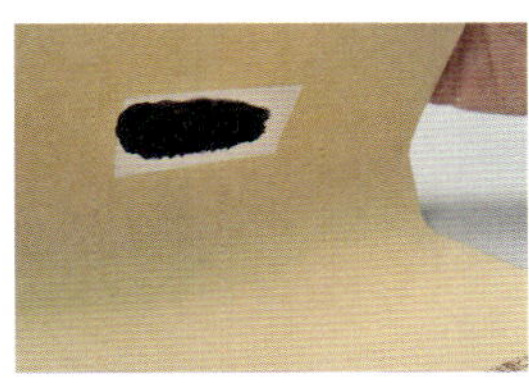

乾いた後に剥がしても情報は読み取れない

17

「気配り系」の多機能文具

日本の文具店には、どこに行っても多機能ペンの専用コーナーがあり、そこにはたくさんの種類がわんさと並んでいる。海外の文具店ではあまり見られない光景だ。日本の多機能文具は、ペン以外にもいろいろなものが揃っている。どうやら日本人はことのほか多機能文具が好きなようだ。さまざまな多機能文具を改めて見てみると、単に機能性というだけにとどまらず、そこには「気配り」というキーワードが見え隠れしているのを感じる。押しつけがましくない、あくまでさりげない多機能性。そんな「気配り系」多機能文具を国内を中心に集めてみた。

ITEM 176 クツワ

サイズカッター定規（41cm）

定規で線を引いているとき、紙の上で定規が不意にずれてしまうことがある。この定規は、滑り止めが付いているので、安心だ。カッターで切るときにも、スムーズにいくようにエッジにステンレス板を備えている。さらに、一般的な30cm定規より長めの41cm になっており、通常の目盛りに加えて、はがき、写真 L 版、B5、A4（長）、（短）などのよく使う用紙サイズの目盛りまで併記している。これ1本持っていると、線を引く、カッターで切る、測るが快適に行える。［¥600、クツワ］

よく使う用紙サイズの目盛りが表面に印刷されている

線を引く、切る、
測るが快適に

切り心地の
いい定規

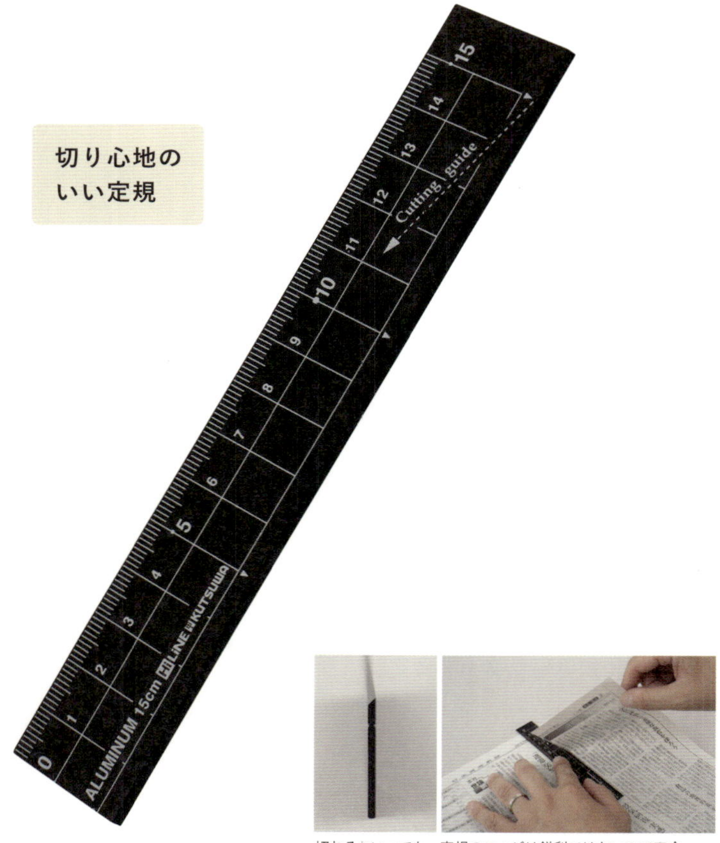

切れるといっても、定規のエッジは鋭利ではないので安全

ITEM クツワ
177 アルミ定規

定規の仕事は長さを測ったり、線を引くこと。しかし、切る道具として使っている人も意外と多い。紙の上に定規を添えて、紙を手前に引っ張ってピリピリと切るというものだ。なんとなくのイメージだが、これは年配の人がよくやっているように思う。たぶん、この方法にはコツがいるからだろう。その点、このアルミ定規は初心者でも簡単に切っていける。この定規はエッジが45度という絶妙な角度。定規には、ここから紙を切り始め、これくらいの角度で手前に引っ張るようにというガイドが印刷されているのでわかりやすく、驚くほどキレイに切れる。カッターマットも不要で、まっすぐに切れるのは気持ちがいい。［15cm：¥300 ／ 30cm：500、クツワ］

ITEM 178 ゼブラ

シャーボ X

シャープペンとボールペンを一体化させた超ロングセラーの多機能ペン「シャーボ」。その現代版として人気を集めているのが「シャーボ X」。このリフィルが実にかゆいところに手が届くラインナップとなっている。たとえば、シャープペンは一般的な0.5mm だけでなく、0.3mm、0.7mm から選べる。ボールペンは油性、ゲルインク、さらには滑らかに書けるエマルジョンインクタイプまでラインナップされている。自分の好きなシャープペンやボールペンを3種類選んで、自分だけのペンを作ることができる。ボディをツイストしてペン先を切り替える。この回し心地がとてもソフトで良い。[¥3000（替芯は別売）、ゼブラ]

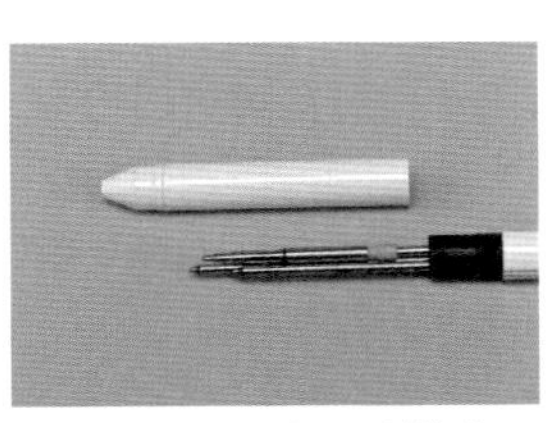

私は 0.7mm シャープペン、油性ボールペン 0.7mm のカーマインレッドとブルーブラックをセットしている

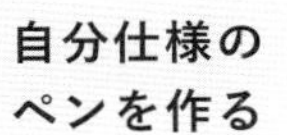

自分仕様のペンを作る

ITEM パイロット

179 バーディスイッチ

多機能ペンは軸が太くなりがちだが、この「バーディスイッチ」は一般的なペンと比較しても非常にスリム。基本機能はシャープペンシル。ノックボタンのキャップを外すと、通常は消しゴムのあるところがボールペンになっている。手帳にスケジュールを書くときはシャープペンシル、いざとなればボールペンも使え、この1本があれば、おおかたの仕事はできてしまう。ペンを1本にまとめたい、しかもコンパクトに持ち歩きたいという人にオススメだ。
[¥500、パイロット]

スリムボディのわりにしっかり握れる

思わぬところから
ボールペンが出てくる

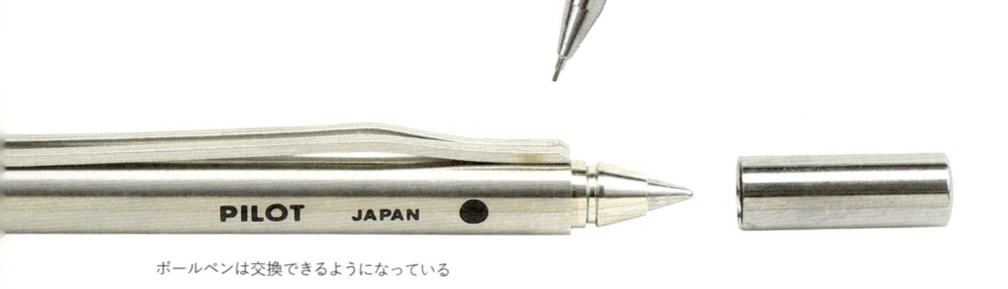

ボールペンは交換できるようになっている

2色
シャープペン

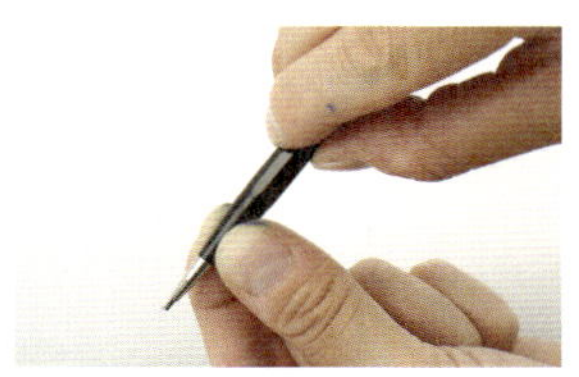
芯の太さは0.9mm。ツイストして芯を出す

ITEM 180 オートポイント
ツインポイント シャープペンシル

写真をご覧になれば、もはや説明不要というくらいにわかりやすいペン。片側が黒芯のシャープペン、反対側が赤芯のシャープペン。ただ、芯の出し方は少々特殊だ。出したい側のペン先をクルリとツイストすると、芯が繰り出される。一度出した芯は固定されて引っ込まなくなる。芯を収納するには、先ほどとは逆回転させて芯を紙などに当てて押し込めばよい。多色というとボールペンが中心であったが、これはシャープペンの多色タイプ。いちいちノックボタンで切り替えなくても、逆に持ち替えるだけで違う色が楽しめる。特に校正やチェックものが多いという人には、便利だと思う。[¥600、ブンドキ.com]

ペン先に溶け込んだ タッチペン

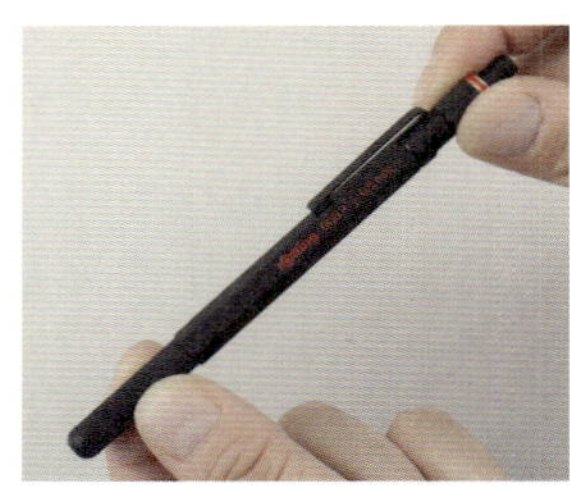

後軸をツイストすると、ペン先が引っ込む

ITEM **181** rOtring

rOtring 800＋

製図ペンブランドのロットリング。そのプロ仕様の風格はそのままにタブレット用のタッチペンを備えたモデル。一見したところでは、タッチペンの姿は見当たらない。タッチペンはどのように出すかというと、実はそもそも出ているのだ。ペンの後軸にあるギザギザ部分をツイストすると、メカニカルペンシルのペン先がボディの中に吸い込まれていく。そして、残されたブラックの先端部分がシリコン製のタッチペンになっているという仕掛け。いかにもなタッチペンが多い中、これは使わないときは全く気にならないのがよい。芯の太さは0.5mm、0.7mm の2種類。［¥8000、ニューウェル・ラバーメイド・ジャパン］

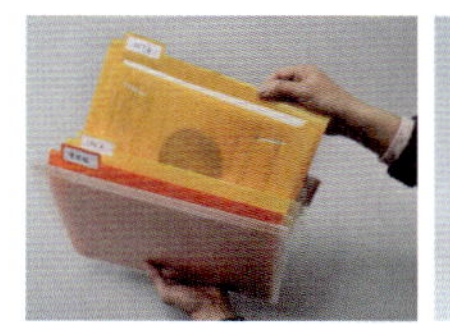

取り外したファイルは、フタも付いたしっかりとしたもの

書類を壁に 収納するという発想

ITEM 182 エセルテ
ソーテッド(A4)

机の上がいつも書類でいっぱいという方の救世主となってくれるのが、この「ソーテッド」だ。これは、壁面を利用して書類を整理できるというもの。一見するとごく普通のアコーディオン式の間仕切りファイルだが、ユニークなのは、広げるとまるでブラインドカーテンのように、縦長のファイルに早変わりする点だ。フックでパーティションなどに引っかけることができる。収納スペースは6カ所。壁にかけておくだけでなく、1つ1つのファイルは取り外し可能。1ファイルにコピー用紙で約100枚まで収納できる。その日に使う書類をここに入れておけば、いざというときに慌てずにすむ。[¥2400、エセルテジャパン]

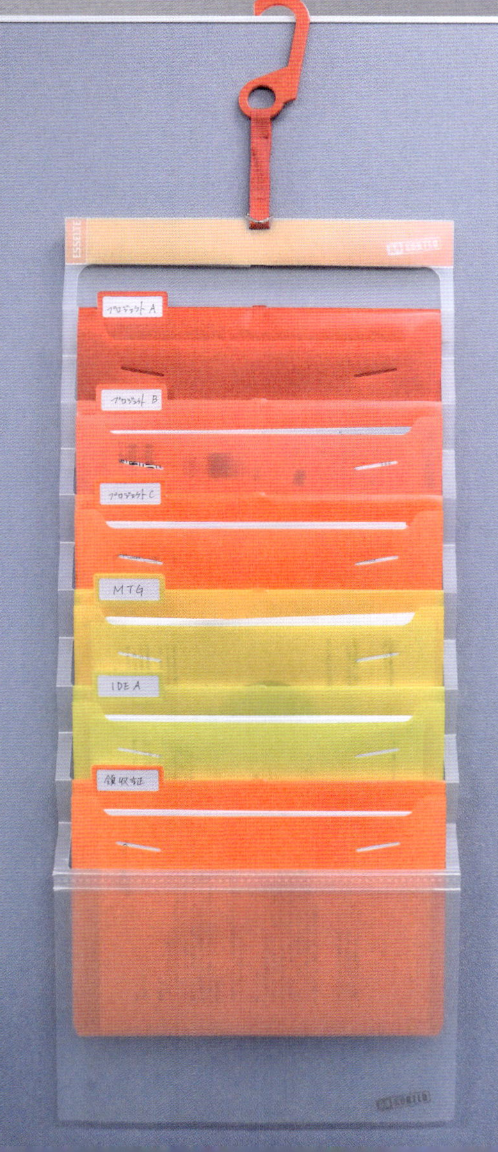

アコーディオン式に間仕切りがされている

このファイルは畳んでしまえば、丸ごと持ち出すこともできる

ノートを ファイルとしても 使う

ITEM 183 Noritake
SBN（Super Binding Notebook）

ノートの間に書類を挟み、ファイルとしての機能を持たせるということは、普段から多くの人がやっていることだろう。これは、イラストレーターのNoritakeさんがそれをさらに進化させたもの。ノートを開くと、綴じ部分に3本のゴムがグルリと巻かれている。実はノートの紙はこのゴムバンドで綴じられているだけ。ノートの紙と一緒にこのゴムバンドで書類も挟めるようになっている。サイズはA5、つまり、広げるとA4サイズになるので、A4の書類がピタリと収まる。それより小さいレシートなどもOK。ノートのページ数は40ページ。ノートの紙を使い切ったら、A4のコピー用紙で簡単に補充できる。紙はゴムバンドで留められているだけなので、キレイに外せてスキャナーにも通しやすく、デジタル化もしやすい。［¥1200、N Store］

表紙には別のゴムバンドがあり、固定できるようになっている

ITEM 184 東急ハンズ+アシュフォードスタイル

カフス トレーポーチ

最近の出張では、パソコンを持っていくことが多く、その関係で、それにまつわるコード類なども一緒に携えなくてはならない。このポーチは、そうしたものを収納でき、さらに便利に使える一面も持っている。使い方は2段構え。まずは、電源コードなどを中に入れてポーチとして使う。現地の宿泊先に着いたら2段階目。ポーチを広げて四隅にあるボタンをパチンパチンと留めていく。そうすると、平面だったポーチが一転して立体的なトレイになってしまう。コードや充電器のための専用のスペースができる。出張先だと、自宅や会社と勝手が違うので、あれどこにいったっけ？ となりがち。こうしてひとまとめにしておくと、すぐ見つけられる。ホテルのカードキーや財布、スマホなどを置いておくのにもちょうど良い。「運ぶ+整理ができる」というアイテムだ。［¥7000、シーズンゲーム］

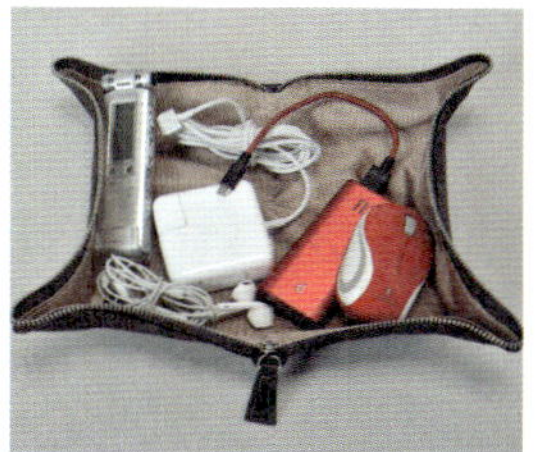

素材は合成皮革。本革よりずっとソフトなので、かえって扱いやすい

出張に便利な
収納アイテム

18

イライラ知らずの快適ステーショナリー

現代社会は、まさにストレス社会。仕事や人間関係など、さまざまなストレスに日々立ち向かわなくてはならない。そうした大きなストレス以外にも、仕事で文具を使っている中で感じる小さなストレスというものもある。たとえば、急いでメモを取ろうとしたときに、シャープペンをノックしてもなかなか芯が出てこない、セロハンテープを使おうとしたら、切れ目がピッタリとくっ付いてしまって、なかなか剥がせないなど。文具は日々の仕事で使うものなので、仕事のはかどり方に大きく影響してくる。小さなストレスも積もり積もれば、やがては大きなストレスになりかねない。最近ストレスを感じているな、と心当たりがある方は、こうしたアイテムを使ってみてはどうだろう。

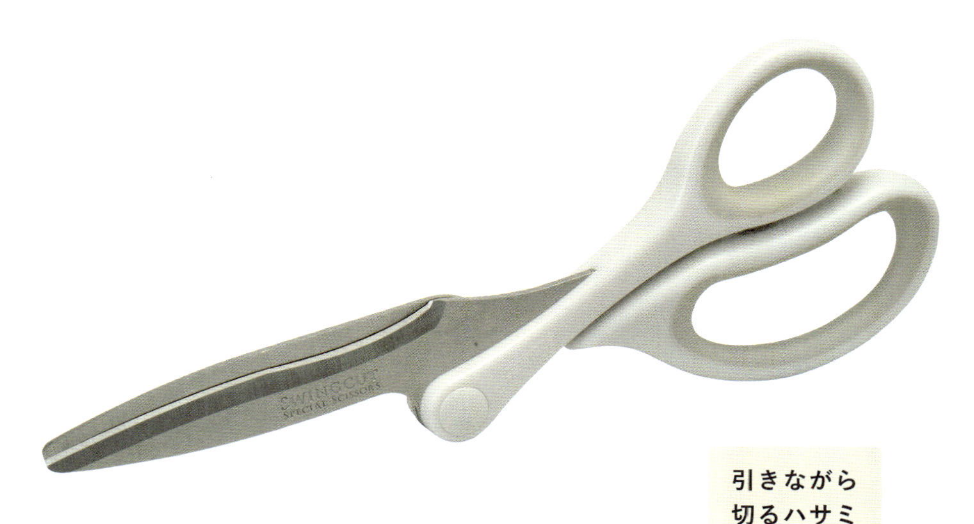

引きながら
切るハサミ

支点を下にずらしたことで切っているときの視界が良くなり、切り終えた紙が下に流れていく。長く切り続けるときに快適さがある

ITEM 185 レイメイ藤井
スウィングカット スタンダード

昨今のハサミは刃の角度など、さまざまな工夫を凝らして軽い切れ味を追求している。このスウィングカットは「引き切り」により軽い切れ味を生み出している。実際に切ってみると、確かに軽さを実感できる。この「引き切り」とは、板前さんが刺身を切るときのようなイメージ。包丁を引きながら切っているのを見たことがあると思うが、まさにあれだ。押しながら切るのと違い、引きながら切ると軽い力で切れていく。確かに板前さんもとてもソフトなタッチで切っている。それをハサミに応用しているのだ。ハサミの支点を少しずらすことで、この引き切りを実現している。［¥700、レイメイ藤井］

ITEM
186 トンボ鉛筆 リポーター4

多色ボールペンは、1本で何色も使えるとても便利な存在だ。これまで多色ボールペンの色を替えるときは、ノックボタンの色を見て確認する必要があった。この点にフォーカスして改良されたのが「リポーター4」である。このペンは、各色のノックボタンがそれぞれ違う形になっている。つまり、色と形の組合せを把握してしまえば、いちいちノックボタンを見なくても指の感触だけで色替えができてしまう。数秒程度ではあるが、急いでメモするときなどは、確実に時間を短縮することができる。そして、このリポーター4には、もう1つのイノベーションがある。それは色替えするときの「カチッ」という音。この音は多色ボールペンにつきものである。ノックボタンが戻ってくる部分にラバークッションを備えて衝撃を吸収し、静かな音を実現している。実際に試してみると全く音がしないわけではないが、「カチン!」という甲高い音ではなく「カシン」という感じで確実に静かだ。さらには、クリップも改良されている。クリップは別パーツになっていて、最大で1センチちょっとまで広げることができる。これなら、分厚いところにクリップを留めて、クリップが折れてしまうという心配もグッと減る。[¥350、トンボ鉛筆]

ブラインドタッチで色替えできる

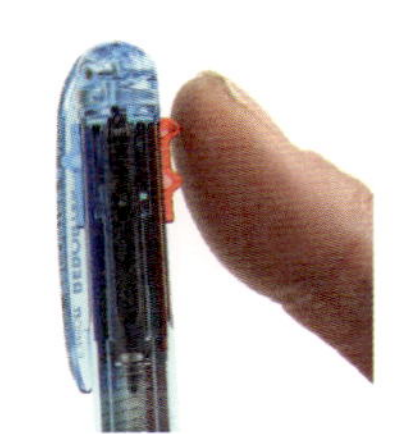

各色のノックボタンが違う形をしている

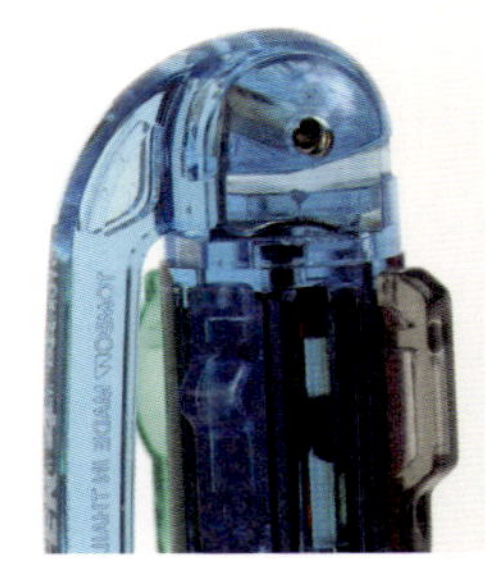

ラバークッションが戻ったノックボタンの衝撃を吸収してくれるので、音がとても静か

いつもの筆記角度で
力を入れても
芯が折れない

筆記角度を立てると、スプリングが
働いて芯が引っ込む機構も付いている

ITEM 187 ゼブラ
デルガード

シャープペンで気持ち良く書いていて、ポキッと芯が折れると気分も折れて思考までストップしかねない。このデルガードがすごいのは、いつもの筆記角度で書いていても、芯の折れを最大限防いでくれる点だ。私たちの筆記角度はおそらく45度くらいが一般的だろう。この状態で筆圧をかけると、普通なら芯は耐えかねてポキッと折れてしまう。「デルガード」では、この斜めの状態で力を入れるとペン先の芯を支える金属パーツがスルリと下に降りてきて、芯の大半を覆ってくれるのだ。いいアイディアが浮かんだ！　というときは、ついつい力んでしまいがち。そんなときでも芯も折らず、思考も止めない。［¥450、ゼブラ］

ペン先がやや重い低重心なので、握ったときのバランスが良い

ガイドパイプで芯が覆われたこの状態で書いていく。ガイドパイプの角は緩やかな加工がされているので、書き味は意外とスムーズ。0.5mm のときよりもはるかに細い文字がキレイに書いていける

低重心で
極細筆記を
味わう

ITEM
188

ぺんてる
オレンズ メタルグリップ（0.2mm）

これまで製図などの特定用途では使われることがあった0.2mm シャープペン。あまりにも細い芯なので、どうしても筆記時に芯が折れやすく、書くときはそれなりに心する必要があった。その心配をなくしてくれたのが「オレンズ」だ。ノックボタンをカチンとワンノックすると、メタルのガイドパイプがニョキッと出てくる。普通ならさらにカチカチとノックして芯を出すところだが、「オレンズ」ではこの芯がガイドパイプで覆われたままで書いていく。書き出すとガイドパイプが少しだけ引っ込んで芯が露出され、それで書いていける。これが不思議とスムーズな書き味。芯は常にガイドパイプに守られているので、細い芯に気を使わず、いつもどおりの筆圧で書いていける。これはメタルグリップタイプで、製図用シャープペンシルのようなペン先がやや重い低重心バランス。その重みを活かして極細ライティングが楽しめる。［¥1000、ぺんてる］

ITEM 189 プラチナ万年筆

プレスマン

「プレスマン」は発売されてから30年を超えるロングセラーのシャープペン。そもそもの開発のきっかけは、新聞記者や速記者といった、たくさんの文字をしかも一気に書くことが求められるプロの方々から折れにくいシャープペンが欲しい、という要望から生まれたものだ。手にすると、一般のシャープペンよりもやや軽めな印象がある。これはこのペンが開発された当時、まだ鉛筆が主流の時代だった。それゆえ、鉛筆から持ち替えても違和感がないようにするためだったという。芯の長さは10cmもあり、芯の交換で取材を中断させることはない。また、0.9mmと太めで折れにくくなっている。一般に書き出しにポキッと芯が折れてしまうのは、いつもよりも力が入りすぎてしまうからだ。特に何か重要なことを書こうとすると、人は思わず力んでしまう。そうしたことをふまえて、このプレスマンでは筆圧をかけると内蔵されているスプリング機構が作用して、芯が引っ込むようになっている。これなら書き出しに力んでも、おおかた大丈夫というわけである。この二重の対策で芯を折れにくくしている。[¥200、プラチナ万年筆]

強い筆圧にも耐えられるスプリング機構

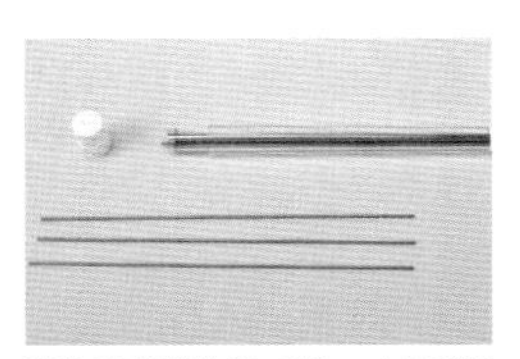

別売の専用芯は2Bで10cmもある(10本入り、¥100)

文字を速く書く人のためのシャープペン

ペン先の
クッション
具合を選べる

ノックボタンをクルクルとねじると、自分の好きなペンのクッション具合を選べる（9段階）

ITEM 190 セーラー万年筆
G-FREE

昨今は三菱鉛筆の「ジェットストリーム」をはじめとする滑らか油性ボールペンが人気だ。これらはペン先を走らせるときの、いわば横方向の動きがすこぶる滑らかだ。一方でこの「G-FREE」は、縦方向のフレキシブルさがある。筆圧をかけて書こうとすると、ペン先が内側にクイクイと引っ込んで余分な力を吸収してくれる。その引っ込み具合をノックボタンで調整できる。またG-FREEは、滑らかさを高めた油性インクを採用している。横方向の滑らかさに加え、縦方向のフレキシブルさも味わえる。メーカーによると、手の筋肉負担が10%以上軽減されるという。[¥300、セーラー万年筆]

ITEM 191 コレクト
ブロッター

万年筆やゲルインクボールペンなど、主に水性系のインクのペンで筆記したとき、すぐに手で触れるとインクがまだ乾いておらず、こすれてせっかく書いたものが台なしに、なんてことがある。そんな余分なインクを吸い取ってくれるのが、この「ブロッター」。半円形の面には吸取紙が付いていて、これで書き立ての筆跡の上をゴロンと転がす。1回転がすだけで、余分なインクは吸い取られ、筆跡に触っても大丈夫。ペンだけでなくハンコを押したときにも使うことができる。インクが乾くまでじっと待つ必要がなく、仕事を効率的に進められる。[¥1400、コレクト]

1回転がすだけで、瞬時に余分なインクを吸い取ってくれる

乾くのを待たなくてよい

吸取紙は交換可能（別売）

ホチキス留めされた
針を素早くキレイに
外せる

ITEM
192 サンスター文具
はりトルPRO

クライアントへ提出する書類に直前になって不備が見つかり、ホチキス留めしたものを大急ぎで外さなくてはならないということはないだろうか。これまではホチキスの後ろに付いているバーを使ったり、すごく急いでいるときは、爪で外したりするときもあるだろう。そうしたとき、これを持っていると、ちょっとしたヒーローになれる。これはホチキス留めした針をキレイに外せる専用ツール。ホチキス留めしたところに本体の先端部分を滑り込ませ、あとはハンドルをギュッと握るだけ。紙を傷めることなく、いとも簡単に外すことができる。外した針がはるか彼方の隣の部署へ飛んでいってしまうなんて心配もない。[¥380、サンスター文具]

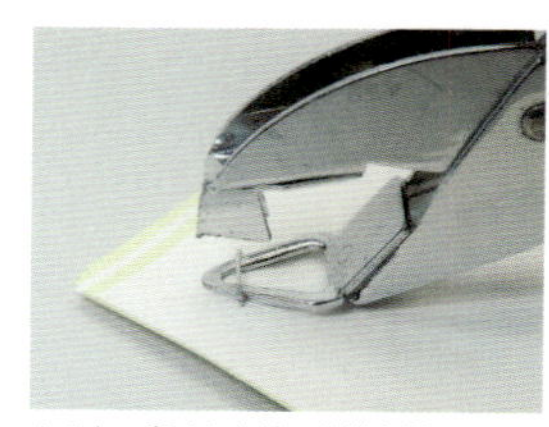

ホチキス留めした針に先端を滑り込ませる。あとはハンドルを握るだけで、針をキレイに外すことができる

私たちがよく使うホチキスの針だけでなく、コピー機で自動で留めてくれる大きめの針や冊子の中綴じの針などにもほぼ対応

ITEM 193

シヤチハタ

ネーム9 着せ替えパーツ キャップレスホルダー

スタンプ台いらずでポンポン捺せる、通称「シヤチハタ印」。正式には「X スタンパー」という。なかでも仕事でよく使うのは、自分の名前の入った「X スタンパー ネーム」だ。これはその「ネーム9」をより使いやすく変身させてくれるパーツ。「ネーム9」のスタンプ部分だけを取り出して、この着せ替えパーツにセットする。すると、俄然便利になる。キャップを外したり付けたりが不要になるのだ。先端に半透明の筒があり、その内側にはシャッターのようなフタがある。捺すと半透明の筒が内側にスライドしてそれに合わせてシャッターが開き、ネーム印が出てくる。戻せば印面は引っ込んでシャッターが閉まる。これであのキャップから解放される。[¥800、シヤチハタ]

印面先端のシャッターが捺印のたびに開閉し、片手で素早く捺印することができる

シヤチハタ印が
さらに使いやすく

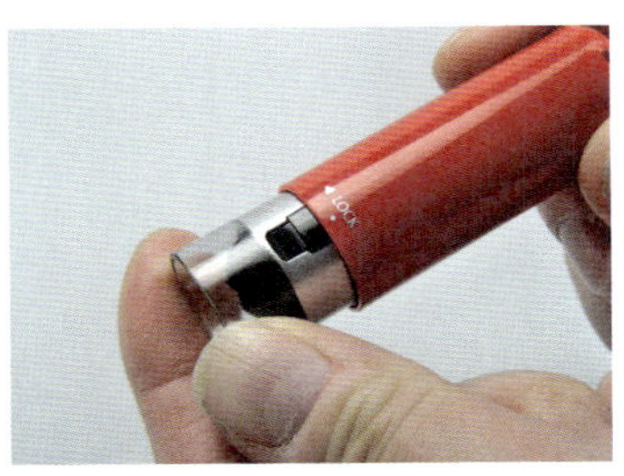

携帯時に誤って印面が出ないように、ツイストロック機構が備わっている

ITEM 194 ヤマト

アラビックヤマト 色消えタイプ（20ml）

のりづけしたところがよくわかる

この液体のりは、鮮やかな蛍光イエローをしている。封筒にのりづけするとき、これまではちゃんと塗ったつもりが端っこまでキレイに塗れておらず、端っこがヒラヒラしてしまうことがあった。のりが蛍光イエローをしているので、それがわかりやすい。何より色がキレイなので、のりづけが楽しくなる。［¥170、ヤマト］

乾けば、その色はすっかり透明になってくれる

ITEM 195 トンボ鉛筆

ピットリトライC

テープのりは液体のりと違って貼った跡が凸凹しなくていい。しかし、液体のりには、貼った直後なら微調整できる良さがある。そのいいとこ取りをしたのがこのピットリトライ。テープのりなのに貼った後の1分間なら、キレイに剥がせて貼り直しが効く。1分経てば、しっかり貼り付く。［¥250、トンボ鉛筆］

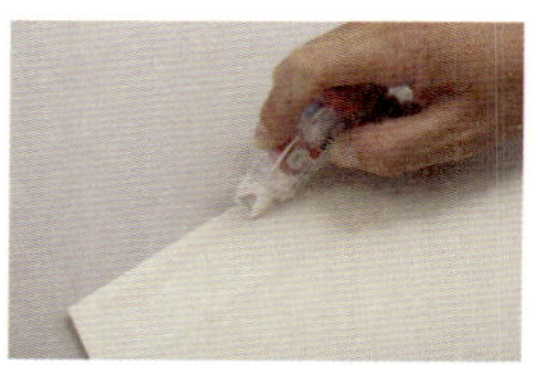

貼ってすぐなら、このように紙を傷めず剥がせる

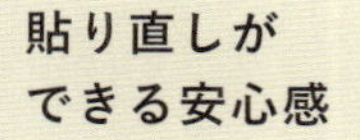

使うときにキャップを後側にカチッとセットできる

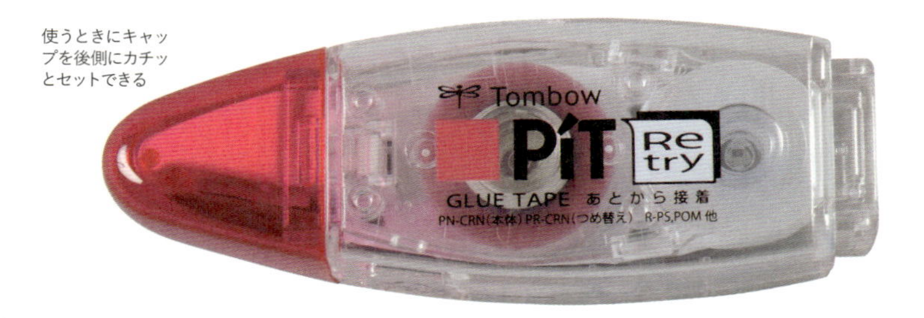

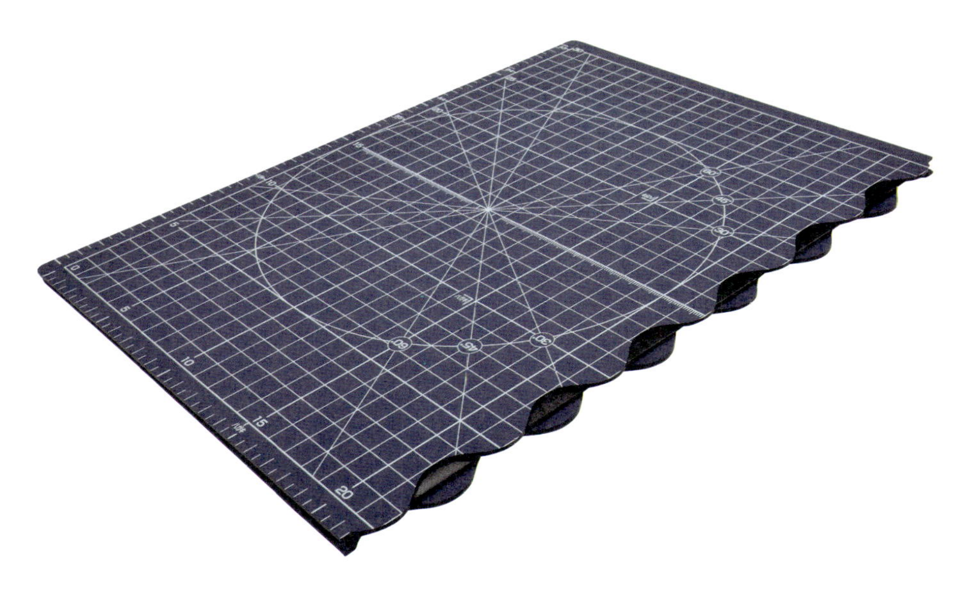

折りたためる
カッターマット

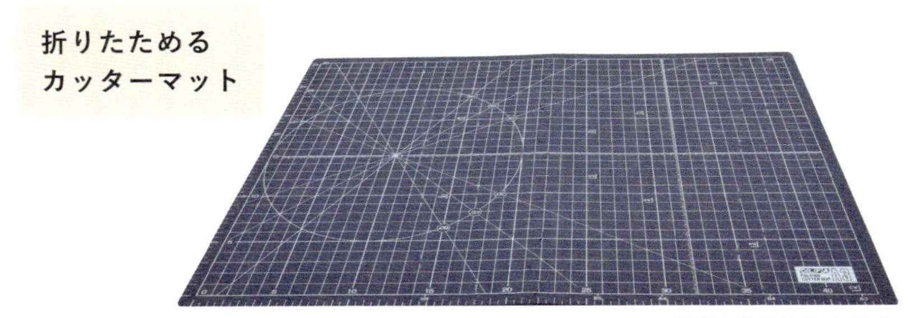

広げると完全にフラットになる

ITEM オルファ

196 ふたつ折りカッターマット A3

A4の紙をカッターで切るときは、それ以上の大きさのカッターマットがあると、ゆったりと作業できていい。しかし、そんなに大きなカッターマットをデスク周りにしまえる場所はそうそうない。これは半分に折りたためるA3マット。折り目が波状になっているので、広げたときに溝がほとんど気にならなくなる。裏面には滑り止め付きで滑ることなく、安全にカットできる。[オープン価格、オルファ]

ハサミのベタつきを
キレイに

ITEM
197
スリーエム ジャパン
スコッチ はさみ強力クリーナー

引き出しに入っているハサミを見てほしい。たぶん刃先にはこれまでいろんなものをカットした跡が残っているはずだ。粘着テープを切ったベタつきなんかもあるだろう。この粘着が付いてしまうと、ハサミのチョキチョキがスムーズにいかない。このクリーナーで刃先を拭くと、キレイサッパリベタつきが取れ、気持ち良い切れ味が蘇る。[¥280、スリーエム ジャパン]

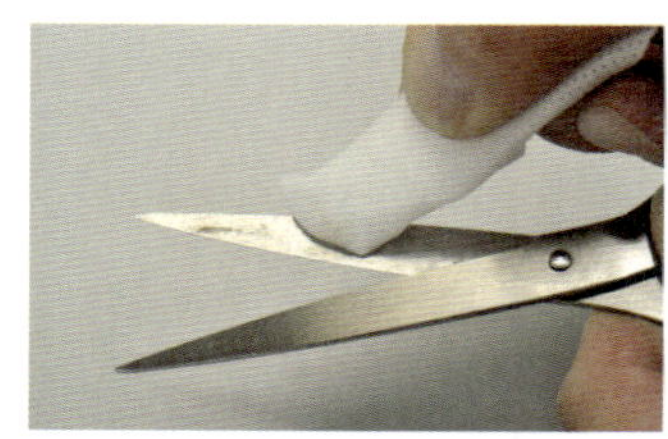
クリーナーはウェットティッシュのような感じ。手をケガしないよう、付属のヘラに巻き付けて拭いていく

ITEM 198 スリーエム ジャパン

スコッチ 手でまっすぐ切れるテープ

段ボールの梱包作業でよく使う透明のテープ。ガムテープより見た目がキレイだが、ハサミやカッターで切る面倒さがあった。これは、透明テープなのに手でスパッと切れる。しかも常にまっすぐに切れる。斜めに切ろうとしたって、なぜかまっすぐになってしまう。道具を使わずに手で切れれば、梱包作業もはかどる。[¥380、スリーエム ジャパン]

手で、まっすぐ切れるテープ

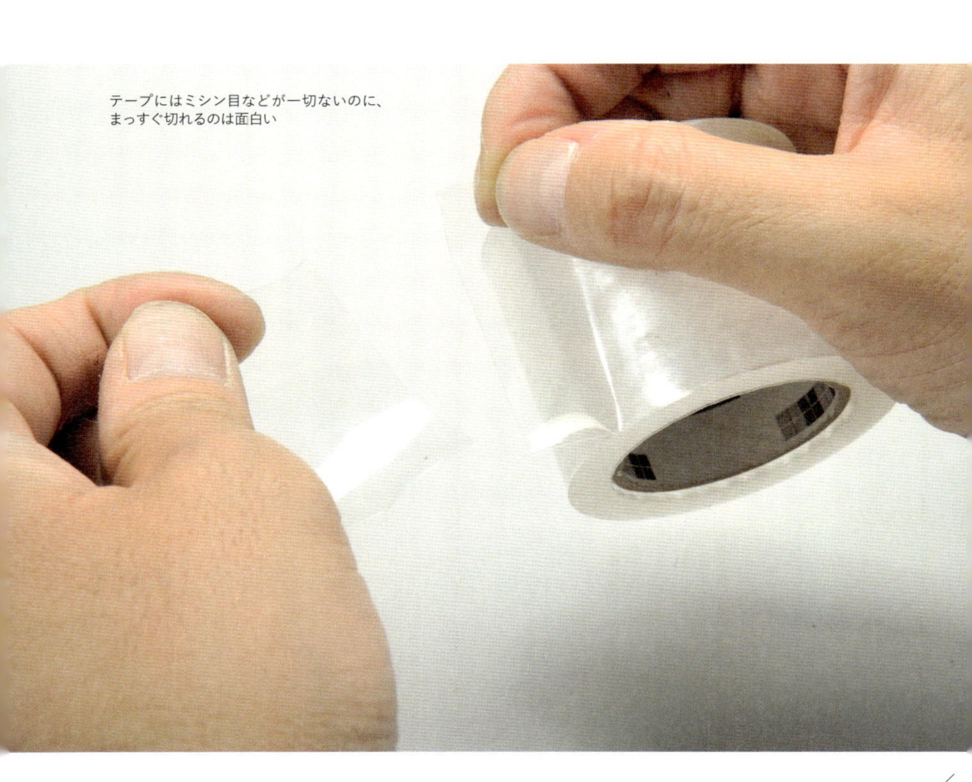

テープにはミシン目などが一切ないのに、まっすぐ切れるのは面白い

ITEM ミドリ
199 きれいな名前が書ける金封

いつも書き慣れている自分の名前なのに、結婚式の金封に書くときにはなぜか緊張してしまう。せっかくのお祝いなので、キレイに書いたものを贈りたいものだ。この金封は、キレイに書ける下敷きが付いている。キレイに書けるかどうかの分かれ目は文字のバランスにある。下敷きには、どれくらいの文字の大きさで、そしてバランスで書けばよいかをガイドしてくれるマス目がある。それをもとにして丁寧に書いていけばキレイに決まる。[¥500、デザインフィル]

名前の文字数に応じた下敷きが用意されている

晴れの日には
キレイな文字を

ITEM 200

ドクターベックマン

ステインデビルス（ボールペン／クレヨン用）

ボールペンをワイシャツのポケットに挿していると、たまに誤ってシャツを汚してしまうことがある。水で洗ってもインクはなかなか落ちてくれない。このインク落としは、ボールペン用とうたっているだけあって、かなり落ちる。使い方は、まずシャツの下に当て布を敷き、「ステインデビルス」を汚したところに垂らして十分湿らせる。3分ほど置いておくと、インクが分解され始める。あとはキレイな布を水で湿らせ、叩いていく。すると、インクがどんどん薄くなっていく。会社の引き出しに1つ入れておくと、いざというときに助かる。念のために、見えない部分で試してみたほうがよいが、基本的に色・柄物にも使える（革製品・シルク・レーヨンは不可）。［¥500、エコンフォート］

シャツをボールペンのインクで汚してしまったときの救世主

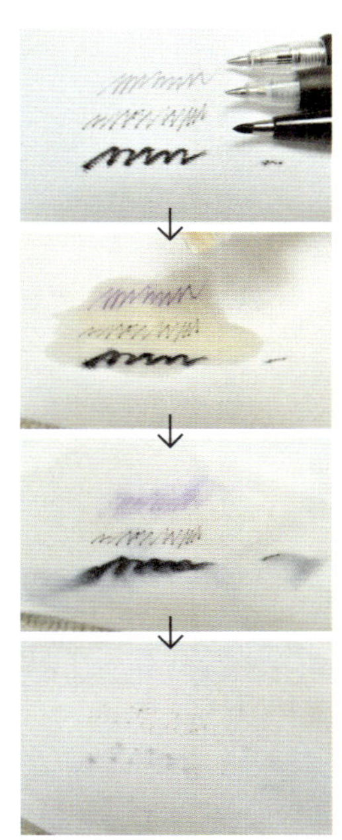

頑固な汚れの場合は、湿った布で叩いた後にスプーンなど硬いものでこするとよい

19

大人のペンケース

小学生の頃は必需品だった筆箱（ペンケース）。思い起こしてみると、大学時代くらいまではお世話になっていたように思う。私の場合でいうと、社会人になったとたんにペンケースを持たなくなってしまった。学生時代はいろいろな種類のペンを使っていたが、仕事ではボールペンがメインとなり、ワイシャツの胸ポケットやスーツの内ポケットにお気に入りのボールペンを忍ばせて日々の仕事をこなすようになっていった。ところが最近、その様子がちょっと変わってきている。ビジネスパーソンの間でもペンケースを使っている人が増えてきている。仕事でも適材適所でペンを使い分けているからだろうか。それに伴い、大人向けの素敵なペンケースもいろいろと登場してきている。

**2つに
折って使う**

ITEM 201 ポスタルコ
ツールボックス

「ペンケース」ではなく、あえて「ツールボックス」と名乗っているとおり、ハサミ、カッター、新品の長い鉛筆など、いろいろなものが入る収納力がある。ボタンを外して板チョコを2つに割るように折り曲げて開けるという、ユニークなスタイル。広げきると、2つの収納スペースに分かれる。このまま机に置けば、ペントレーのようにもなる。[¥17000、ポスタルコ]

半分に折って使うので底が浅くなって、ペンも探しやすい

ペントレーにも
なるペンケース

柔らかい帆布＋
国産レザー製

紙類が収納できる
ポケット付き

ITEM 202 Beahouse
どや文具ペンケース

今やカフェなどで仕事をするのが一般的になっている。ノートを広げて書き物をしていると、知らない間にテーブルの上はペンだらけということがある。一仕事終えて、さぁ店を出ようとしたとき、それらのペンを1本1本ペンケースにしまわなければならない。この「どや文具ペンケース」は、そんなシーンで出したペンを一気に片づけることができる。ゴムバンドを外して、クルクルと巻かれたペンケースを広げると、たっぷりとした収納スペースが現れる。そこにペンや消しゴム、定規、ハサミなどを入れる。広げたロール状の部分は、ペントレーになる。片づけるときは、広げたトレーの端を持ち上げれば、出したペンが次々に収納スペースに収まっていく。このペンケースは関西を拠点に活動している「どや文具会」という文具愛好家のグループがtwitterで意見交換をして商品化されたもの。ユーザー自らが欲しいものをソーシャルメディアの力を借りて具現化した商品なのだ。［¥7600、ベアハウス］

ITEM 203 COBU

なつかしい筆箱（ファスナー式）

小学生時代によく使っていた往年の筆箱を大人用に仕立て直したような、その名も「なつかしい筆箱」。ジッパーを開けると、当時を思い出させる台座付きのペンホルダーがある。その下にも各種筆記具が納まる。散らかりがちな筆記具をキレイに収納できる。［¥6000、小泉製作所］

ペンをキレイに
整理して収納できる

まさに
「大人の筆箱」

私はあえて小さめのSサイズにラミー2000万年筆やペリカンのスーベレンM800といった太軸万年筆をセットしている。ケースから少しペンが出るので取り出しやすい

ITEM 204 ナガサワ文具センター

PEN STYLE 3本差しキップペンケース（Sサイズ）

フタを持たない、1本ずつ収納スペースが分かれたシンプルなペンケース。ペンを3本セットして、このケースごとスーツの胸ポケットに入れておくこともできる。バッグの内ポケットにセットしておけば、ケースをいちいち取り出さずにペンだけを取り出すという使い方も可能。裏地には「エクセーヌ」という東レが開発したスウェード調の人工皮革素材）を使っている。ペンをセットしたときにふっくらと膨らんだペンケースの姿が美しい。［¥5000、ナガサワ文具センター］

ITEM 205 ハイタイド

ペンケース（ENW）

ヨーロッパのカフェでは、会計はテーブルで済ます。このとき店員さんがレジ代わりに使っているのが、ギャルソンウォレットという大きな財布。お札を種類ごとに仕分けできるようになっている。そのスタイルをペンケースに取り入れたのがこちら。3つのポケットに仕切られていて、ボールペン、シャープペン、鉛筆などを種類ごとに分けておくことができる。[¥1400、ハイタイド]

ペンだけではなく、マスキングテープやハサミが入るほど、収納力は抜群

ITEM 206 hum

ペンタグ

アイディアというものは、机に向かっているときよりも歩いているときや電車に乗っているときのほうが浮かびやすい。そうしたときにこれがあるとペンがサッと取り出せる。「ペンタグ」は、バッグの取っ手に付けておくペンホルダー。ペンホルダーを内側に備えたバッグもあるが、こうして外側に常にスタンバイしているほうが断然素早く取り出せる。[¥2000、ハイタイド]

サッとペンを取り出せる

収納できるペンは1本。カラフルなのでバッグのタグとしても使える

Proj
CALCULATE PAD
Campus
計算用紙
50
Campus
計算用紙
100
STAEDTLER
¥1000
STAEDTLER
STAEDTLER
STAEDTLER
LINEX
¥1100

20

ひと味違う
手紙ツール・一筆箋

メールが普及し、最近めっきり手紙を書かなくなったという人も多いのではないだろうか。確かにメールはスピーディに相手に送ることができ、記録も残るので便利な存在である。手紙を書かない理由には、書くための便利なツールをあまり知らないということもある気がする。便利で楽しくなるツールが手元にあれば、きっと今より手紙を書くようになるのではないだろうか。手紙の良さは、あなたが手間をかけて書いたことが相手に伝わる点にある。同じことを伝えるのでも手紙とメールでは、その空気感が全く違う。手紙無精な人にも気軽に使える「一筆箋」をはじめ各種手紙ツールを揃えてみた。

ITEM
207 ぺんてる
トラディオ・プラマン

プラスチック製のペン先を持つペン。ペン先が板状になっているので、紙の上にペン先を添えるとわずかにしなる。他のペンではちょっと味わえない感覚だ。このペン先のしなりを駆使することで日本語特有のトメ、ハネ、ハライが気持ち良く表現できる。宛名書き、一筆箋などに最適。表現力豊かな筆跡が書けるので、これでイラストを描く人もいる。[¥500、ぺんてる]

プラスチックのペン先を上下から支えるホルダーはそれぞれ長さが違う。短いほうを上にすると、しなりがより味わえる

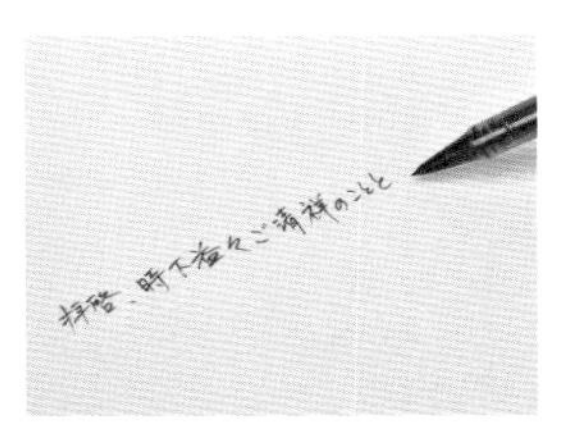

適度にしなるので、トメ、ハネ、ハライが表現しやすい

なぜかキレイな文字が書ける

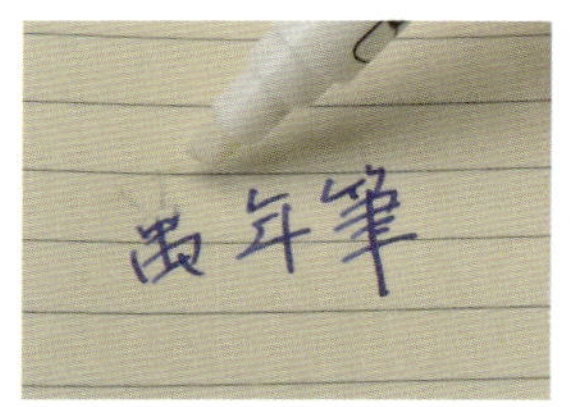

白いペン先で筆跡をなぞると、
跡形もなく瞬時に消えていく

消した文字の上に青ペンで修正した文字を書く

書き損じても大丈夫という安心感

ITEM 208 ペリカン
スーパーシェリフ

万年筆は感情を与える手紙に最適のツールである。ただ、日頃から万年筆を使い慣れていないと、書き損じをしてしまうこともある。そんなときに頼りになるのがこの「スーパーシェリフ」。これは万年筆用の修正ペンである。使い方は、書き損じた万年筆の筆跡の上をスーパーシェリフの白い側のペン先でなぞる、たったこれだけ。白いペン先からは透明のインクが出て、なぞるとまるで魔法のようにインクがスッと消えていく。透明のインクには万年筆の色を消す効果があるので、その部分に万年筆で再び書いても、字はすぐに透明になってしまう。消した部分の上に書くには、スーパーシェリフの反対側にある青のサインペンで修正した文字を書く。このスーパーシェリフはペリカンのロイヤルブルーインク専用に作られている。書き損じても大丈夫という安心感は、手紙を書く上で心強い。[¥200、ペリカン日本]

ボディの両端がペン先になっている。片側がインク消し、反対側が青のサインペン

ITEM 209 ミドリ

MD便箋（コットン縦罫）

どんなペンでも快適に書け、にじみや裏抜けがしにくいMD用紙。その紙を使った便箋。余白をタップリととっているので、落ちついた印象の手紙になる。この便箋は書いた後のことまで考えられている。罫線の右側の上には、1カ所だけほんのわずかに線が途切れているところがある。ここを目印に下から折ると3つ折りがキレイに決まる。［¥480、デザインフィル］

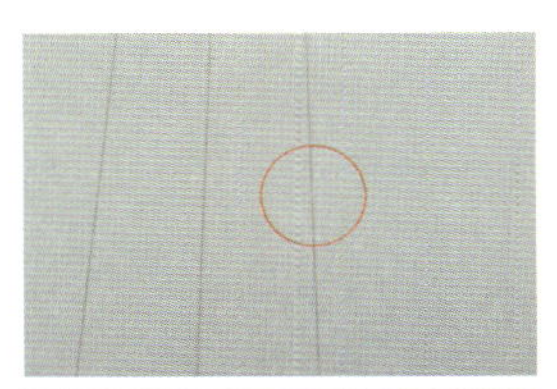

線がほんのわずかに途切れたところが折る目印

折り目正しい便箋

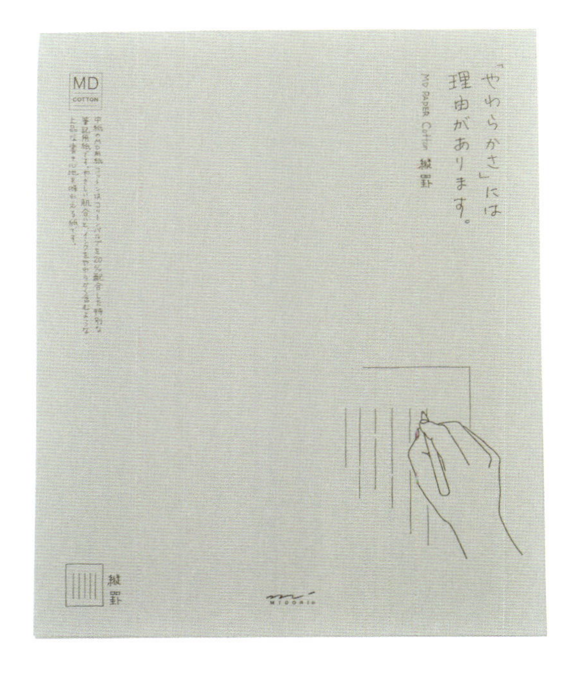

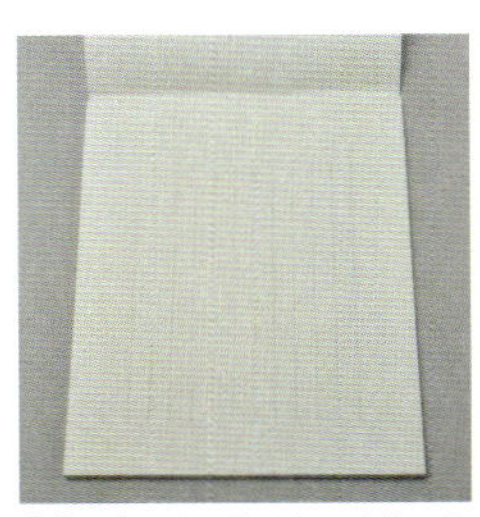

余白の大きさは書かれる文字の大きさから、全体の印象が最も美しく見えるよう計算されている

ITEM 210 ミドリ

きれいな宛名が書ける封筒

封筒でいつも悩むのは、宛名書きだ。縦書きでバランス良く書くのがとても難しく、失敗して何枚かを無駄にすることもある。そんなときに便利なのが、この「きれいな宛名が書ける封筒」だ。この封筒には、キレイに書ける台紙が付属している。封筒の中に台紙を入れると、ガイドがうっすらと透けて見える。そのガイドに沿って、丁寧に文字を書いていけばよい。台紙はオモテ面と裏面の両方に印刷されているので、バランス良く収まるようになっている。特に宛名は受け取った人がまず初めに見る部分なので、気を配りたい。[¥360、デザインフィル]

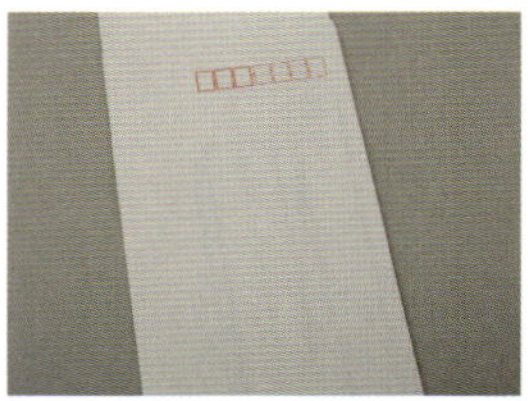
封筒に台紙を入れると、うっすらと透けて見える。ガイドには文字を書くときのセンターラインなども書かれている

↓

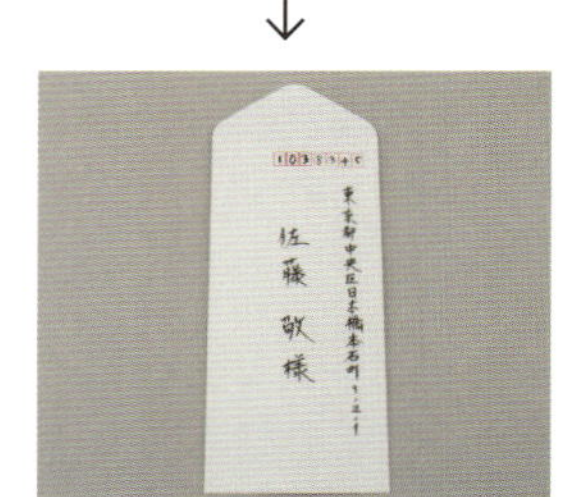
ガイドに沿って書くだけで、字のバランスが揃う

誰でもキレイな宛名が書ける封筒

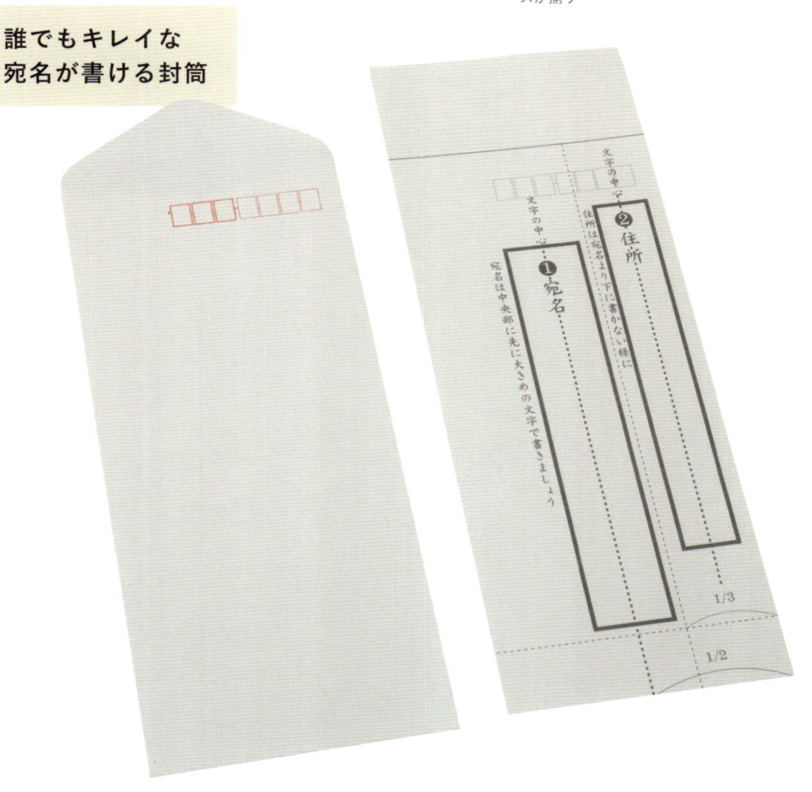

ITEM 211 パピエダルメニイ

パピエダルメニイ トリプル

これはヨーロッパのお香の一種。日本のお香とは違う、ヨーロッパ独特の香りがする。本来は焚いて使うものだが、紙のチップのままでも十分香りが楽しめる。香りは比較的長く持つ。私は半年ほど前に買ったが、今でも引き出しを開けるたび、香りが漂ってくる。仕事などオフィシャルな場面には合わないと思うが、友人へのカジュアルな手紙に忍ばせれば、ひと味違う手紙になる。12枚入り（36回分）。［¥480、グローバルプロダクトプランニング］

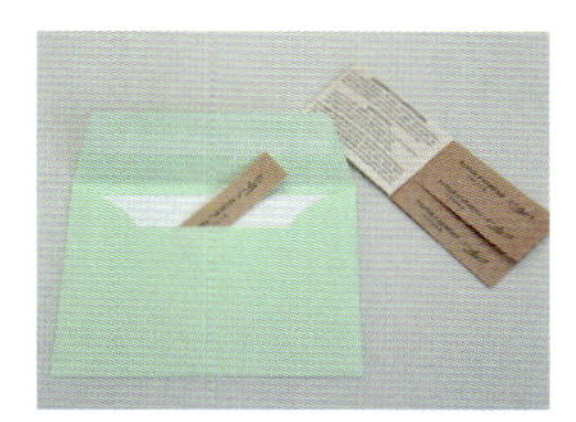

大きさはクレジットカードを一回り小さくしたくらい。1枚を3つに分けて使う

ヨーロッパの
香りを手紙に

**あくまでも
自然な香り**

緑茶の他に金木犀、薔薇などの
香りがある

ITEM 212 日本香堂

かゆらぎ 名刺香

「名刺香」と商品名にもあるように、もともとは名刺入れに忍ばせて使う小さな香り袋。手紙ツールを日頃収納してある引き出しなどにこれを一緒に入れておけば、香り付きの便せんになる。香りというと男性は敬遠する人が多いと思う。私も当初はそうだったが、これはいわゆる香水とは違い、あくまでも自然な香りなので意外と使いやすい。
[¥1000、日本香堂]

ITEM 213

ライフ

一筆箋 吸取紙付き

これぞ一筆箋！　というシンプルに徹したスタイル。巷には紙面にいろいろな柄が付いているものが多いが、この「一筆箋」は罫線のみなので男性でも扱いやすい。罫線の幅も11mmとゆったりしていて、太字の万年筆で書いてもバランスがいい。万年筆で書いたときに便利なのが、吸取紙が1枚付いているところ。書いたばかりの筆跡に少しでも触れると、せっかくの文面も台なしになってしまう。乾かす時間がないときは、この吸取紙で筆跡の上から押さえればよい。

［¥300、ライフ］

王道の一筆箋

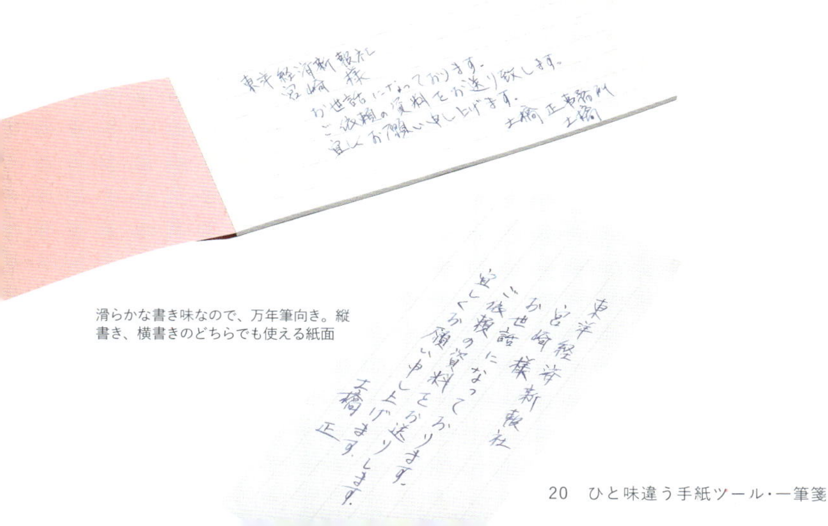

滑らかな書き味なので、万年筆向き。縦書き、横書きのどちらでも使える紙面

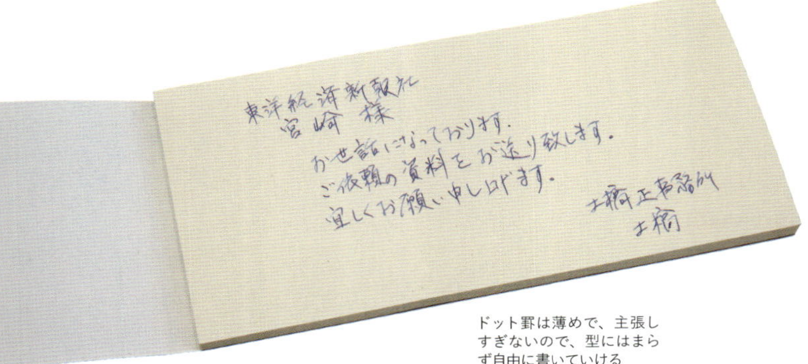

ドット罫は薄めで、主張しすぎないので、型にはまらず自由に書いていける

カジュアルすぎない一筆箋

ITEM 214 PH
レターパッド

王道の一筆箋もいいが、もう少し個性的なものを、だけどビジネスシーンでもちゃんと使えるものが欲しいという方には、こちらのレターパッドがオススメ。紙面がドット罫になっている。しかも、そのドットがシルバーなので、とても落ち着いた印象。紙には万年筆との相性も良い「フールス紙」を使用している。[¥700、ハイタイド]

男性も使いやすい
シンプル＆
個性的な一筆箋

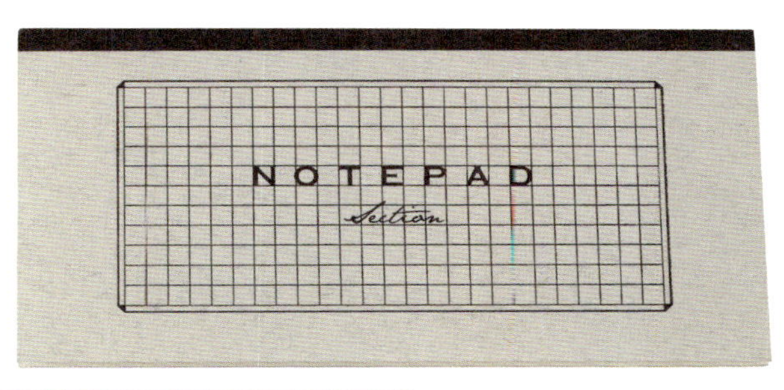

ITEM 215 yuruliku
NOTEPAD
活版印刷一筆箋

ツバメノートの大学ノートをベースにした一筆箋。方眼や外枠を囲んだ飾り罫などがある。ツバメのフールス紙を使っているので、万年筆との相性が良い。一筆箋の中でも個性的な罫線だが、これは男性でも使いやすい。[¥400 ～ 500、yuruliku]

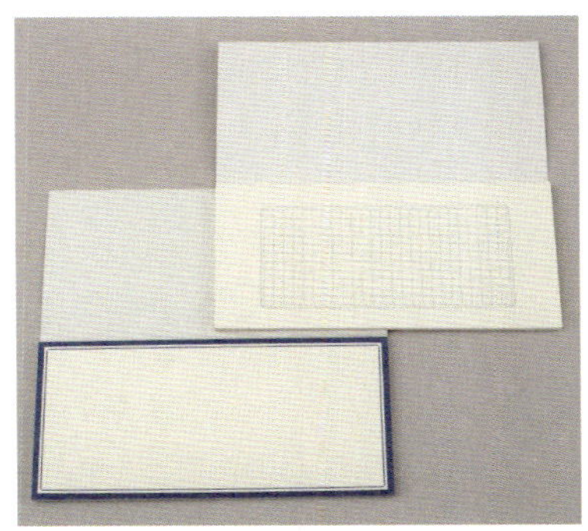
いずれの罫タイプも横書き・縦書きに対応

貼って剥がせる
一筆箋

ITEM 216 ノグチインプレス
糊付き一筆ふせん

これは一筆箋を貼って剥がせる付せんスタイルにしたもの。書類などに貼り付けておくことができ、わざわざクリップなどで留める必要もない。サイズは一般的な180mm ×80mm。[¥333、ノグチインプレス]

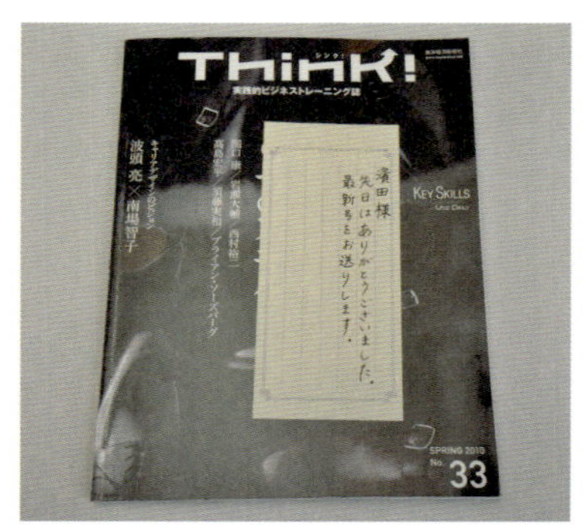

無地の付せん紙を貼るよりも、一筆箋タイプのほうがフォーマル感を演出できる

ITEM 217 榛原

蛇腹便箋(罫線のみ)

要件だけのつもりが、あれもこれも、とついつい書くことが増えていってしまうときでも、これなら対応可能だ。「蛇腹便箋」は、1つ1つの折り目にミシン目が入っている。最小単位で切り取れば一筆箋になり、2枚、3枚と書き連ねていくこともできてしまう。文字数を成り行きに任せられる、いわば自由箋といったところだ。[¥500、榛原]

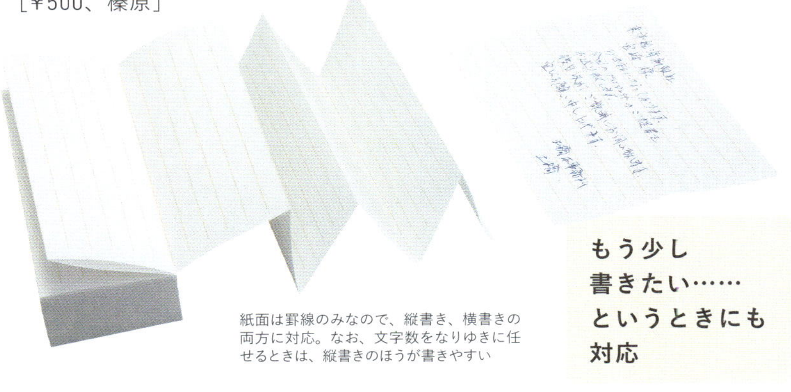

紙面は罫線のみなので、縦書き、横書きの両方に対応。なお、文字数をなりゆきに任せるときは、縦書きのほうが書きやすい

もう少し書きたい……というときにも対応

ITEM 218 ミドリ

エンボッサー

これがあると市販の封筒や便せんが少しだけオリジナルになる。エンボッサーとは、紙に立体的な刻印を作るツール。別売りのカートリッジにはアルファベットや絵柄がラインナップされているので、自分のイニシャルや好みの絵柄を選ぶといい。これで一筆箋の片隅にエンボスを入れる。これだけでひと味違う一筆箋になる。あまり主張しすぎず、光の加減でさりげなく見える奥ゆかしさがある。[本体:¥1000円、カートリッジ:¥500、デザインフィル]

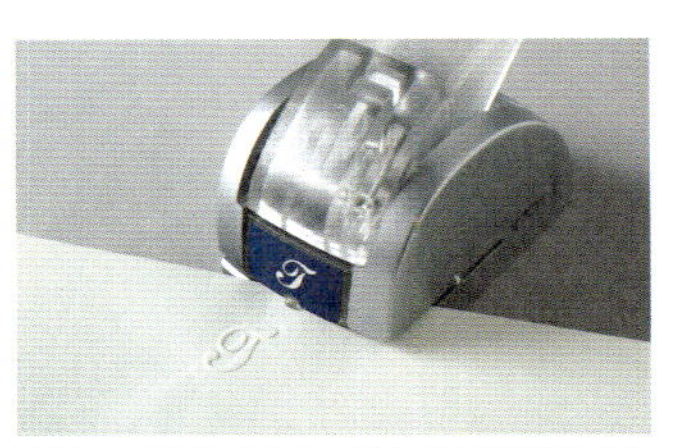

刻印する文字の向きは、ダイヤルで変更できる。一筆箋の上や下から、右や左からなどを自由に選べる

封筒や便せんをパーソナライズ

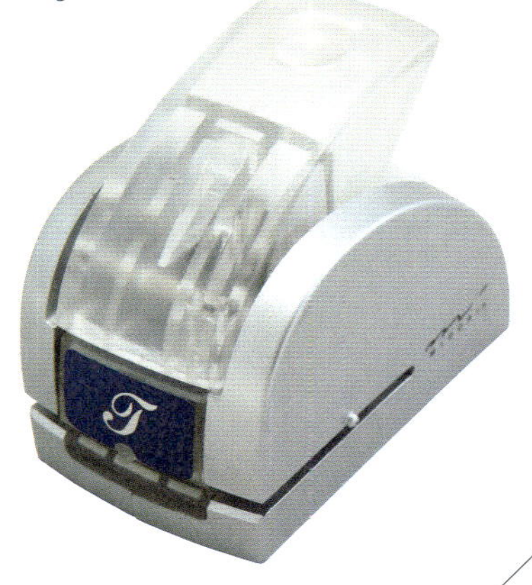

ITEM 219 ミドリ

レターカッターⅡ

便利な手紙ツールは、送るときのツールだけではない。受け取った手紙のためのものもある。この「レターカッターⅡ」は、いただいた封筒をキレイに開けるためのツール。これは20年以上のロングセラー商品。使い方は、封筒の留め口の一番端にこのレターカッターの刃をセットして、そのままスライドさせるだけ。これで封筒がキレイに開けられる。イベントの招待状など、封筒のまま持参しなくてはならない場合があるが、そんなときにも重宝する。[¥400、デザインフィル]

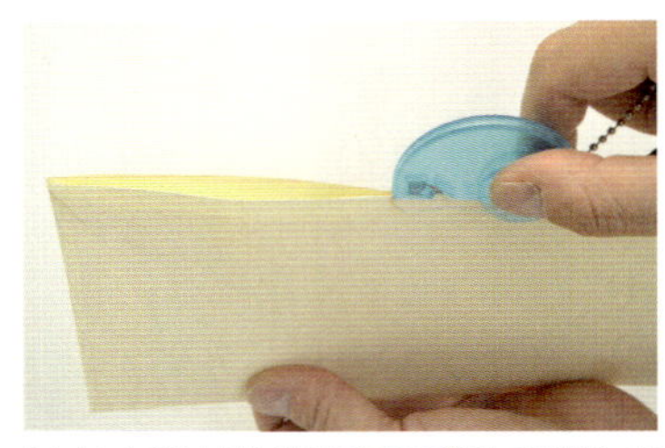

トントンとあらかじめ封入物を下にずらしておけば、中の紙を傷めることはまずない

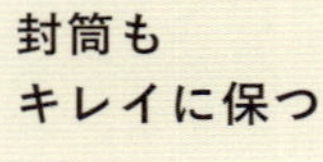

レターカッターⅡを手前にスライドさせて切っていくのだが、切れ味は実にスムーズ

事務用品っぽくない
クリップ

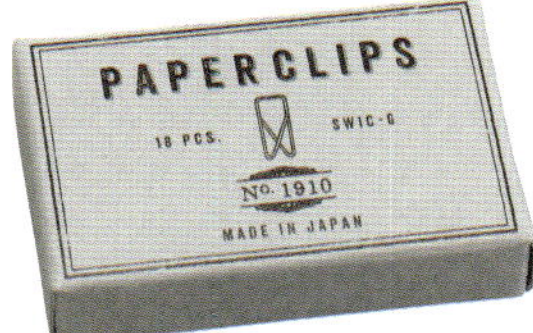

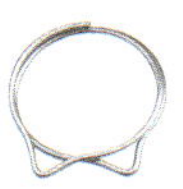

ITEM
220

銀座吉田
ペーパークリップ

一筆箋を書類に添えて送るときによく使うのがクリップ。会社から支給される、いわゆるゼムクリップでは、せっかくセレクトした一筆箋も映えない。かといって最近流行っている動物柄ではポップすぎる。この「ペーパークリップ」は、そういう意味でバランスがいい。これは、1900年代前半に実際に使われていたデザインを日本のバネ職人の手により復刻したもの。全部で5種類あり、それぞれ独特なフォルムをしているので、書類を綴じた様もグッと個性的になる。各10個入り。[¥300、銀座吉田]

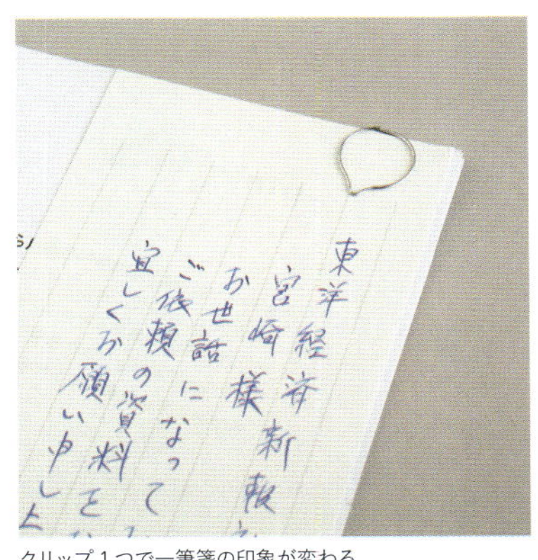

クリップ１つで一筆箋の印象が変わる

21

ビジネスで使える
製図文具

ちょっと大きな文具店に行くと、やや奥まったところにある製図用品売り場。いつもはあまり縁がなく、通り過ぎてしまっている人も多いのではないだろうか。製図用品といっても、私たちが普段使っている文具と基本的には変わらないものが多い。違いを挙げるとすれば、精密な線を引くといったことに代表される「正確性」に優れている点だろうか。ビジネスの場で使えるものも意外と多い。私はこの手の製図用品が大好きで、愛用している。ここでは、ビジネスシーンでも使える製図用品を、その具体的な使い方とともに紹介する。プロ仕様の道具を手にすれば、気分も変わって仕事の効率アップにつながるかもしれない。

書き心地を調整できるシャープペンシル

ITEM 221 ファーバーカステル
TK-FINE バリオ L

仕事用筆記具の主流はボールペンだが、ちょっとした下書きなどの際にはシャープペンシルが活躍する。この「バリオ L」の特長は、書き心地を切り替えられるところだ。書く際の芯のクッション具合を「hard」と「soft」から選ぶことができる。「soft」で強めの筆圧で書けば、クッション機能が働いて芯がパイプの中に引っ込むようになっている。「hard」を選ぶとクッション機能は全くなくなる。アイディアを書きとめたり、クライアントとの打合せで急いでメモを取るときなどは筆圧が強くなりがちなので、「soft」にすれば芯が折れるのを防ぐことができる。一方で、手帳に細かい文字を書くときには「hard」のほうが安定感がある。用途に応じて選べる。[¥2500、DKSH ジャパン]

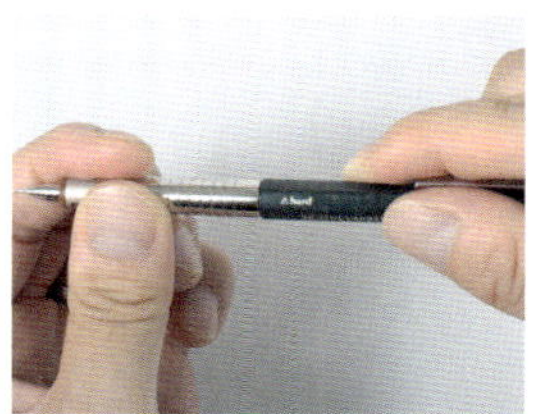

グリップを回すと「hard」と「soft」が切り替わる

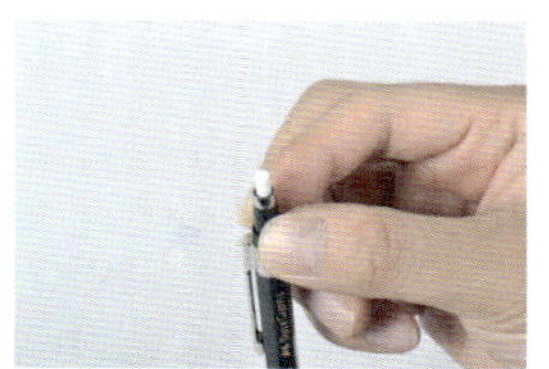

ノックボタンを回転させると消しゴムが繰り出される。キャップの付け外しがいらないので便利

芯研器に芯を差して、ペンごとグルグル回して削る

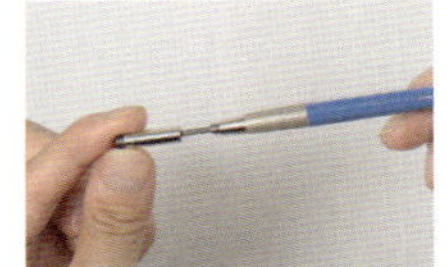

外出先で芯を削りたいときは、ノックボタンに付いている簡易芯研器を使う

鉛筆ライティングを楽しむ

ITEM 222 ステッドラー

マルス テクニコ 芯ホルダー

ITEM 223 ステッドラー

マルス ミニテクニコ 芯研器

鉛筆と同じ2mm 芯を持つ、「マルス テクニコ 芯ホルダー」。芯ホルダーといっても、一般的にはあまりなじみがないかもしれない。これは、ノックボタンを押すとペン先から芯がスルスルと出てくる。芯を収納するときはペン先を上に向けてノックボタンを押す。シャープペンシルのようにカチカチとは出てこないので慣れが必要だが、芯を長めに出したいときに何度もノックしなくて済む。また、ペン先がやや重い低重心になっていて、手にしたときのバランスもいい。この芯を削るときにぜひ使いたいのが「マルス ミニテクニコ 芯研器」。芯ホルダーは芯のみを削るため、専用のものを使う。この芯研器は、手や机を汚さずに削れるのでオススメ。使い方は、まず2つある小さな穴のいずれかに芯を差してノックし、削る芯の尖り具合を調整する。2つの穴はそれぞれ深さが異なる。次に、少し出っ張った芯研器の穴に差し込んでペンをグルグル回す。ガリガリという手応えがなくなれば削る作業は完了。最後に白いスポンジ状のフィルターに差して、芯の周りに付いた削りカスを取る。私はアイディアを考えるときに、この芯研器で芯をキリリと尖らせて書き始める。鉛筆と同じ2mm 芯なので、細い線から太い線まで、さまざまな表情の線をこれ1本で描くことができる。［芯ホルダー：¥1000、芯研器：¥1500、ステッドラー日本］

ITEM 224 ぺんてる
グラフ 1000

シャープペンシルの芯径は0.5mmが一般的だが、他にも0.3mm、0.4mm、0.7mm、0.9mmとバリエーションがある。考えてみると、ゲルインクボールペンなどは0.3mm、0.4mm、0.5mmと用途によって使い分けることが多いが、シャープペンシルは0.5mmばかり使っている。おそらくこれは、一般のシャープペンシルは0.5mmのみしか設定されていないからだろう。しかし、製図用シャープペンシルとなると、バリエーションは増える。なかでもオススメしたいのは「グラフ 1000」。製図用シャープペンシルというと、グリップがやすりのようにギザギザしたものをよく見るが、これはちょっと違う。メタルとラバー素材のコンビによるグリップ。ラバーがわずかに飛び出しているので、握るとまずラバーのマットな感触、そしてその後、メタルの感触がやってくる。安定感のある握り心地がある。そしてペン先側が少し重いため、自然にペン先が下を向く低重心の設計で、シャープペンシルとしての完成度が高い。私は、シャープペンシルの芯の太さを次のように使い分けている。定番の0.5mmは手帳記入用、0.7mmはノート筆記用、そして0.9mmにインタビューなどの取材用といった具合だ。ノート筆記に0.7mmをあえて使っているのは、ノートの罫線上では0.7mmのほうが筆跡がひときわ太く、文字がしっかりと目立つためだ。取材で0.9mmを使うのは、太く折れづらいので安心して書けるという理由から。これは、あくまで私の用途だが、皆さんならではの使い分けがきっとあると思う。製図用シャープペンシルで芯の太さを選べば、このように用途別に使い分けることができる。[¥1000、ぺんてる]

シャープペンシルを用途で使い分ける

ノックボタンの押し心地はやや重く、いかにも精巧な造りを感じさせる音がする

芯の太さごとにノックボタンの部分の色が違うので、間違えて手にすることもない

メタルとラバーのコンビによるグリップ。ラバーだけのグリップと違い、沈みすぎないので、精密な筆記を可能にする

ITEM 225 ステッドラー

製図用ブラシ

仕事をしていると、知らず知らずのうちに机の上にはいろいろなゴミがたまっていく。その代表格は、消しゴムのカスや仕事の合間に食べたお菓子の粉など。こういった細かいゴミは、手で払ってもなかなか取りきることができないが、この製図用ブラシなら、ササッと掃くだけで机の上をキレイにすることができる。柔らかい馬毛を使用しているので、掃き心地もなかなか良い。使い終わったら、机横のフックに掛けておくとよい。[¥900、ステッドラー日本]

キーボードの掃除にも最適。毛が柔らかいので、細かいゴミもキレイに取れる

机の上を
キレイにする

**インデックスを
キレイに
書き込める**

ITEM 226 バンコ
テンプレート(L-F)

ファイルにインデックスを付けるとき、キングジムの「テプラ」などのラベルライターを使うという方法があるが、製図用品にもアルファベットや数字などのさまざまなテンプレートが揃っている。もともとは図面を作成するときに使うので、基本的に0.5mmのシャープペンで書くための仕様になっている。そんな中、このバンコのテンプレートは1つ1つの文字が大きめで、ペンがテンプレートのすき間にさえ入れれば、ボールペンでも書くこともできる。パイロットの消せるボールペン「フリクションボール」なら、あとで消して使い回すこともできる。手書きよりこうしたテンプレートを使って書いたほうがキレイに仕上がり、ファイルを探すときの視認性もアップする。[¥500、バンコ]

テンプレートのすき間にペンを入れて書いていく。ノートの表紙への書き込みにも便利

とりあえず
貼っておく
ときに

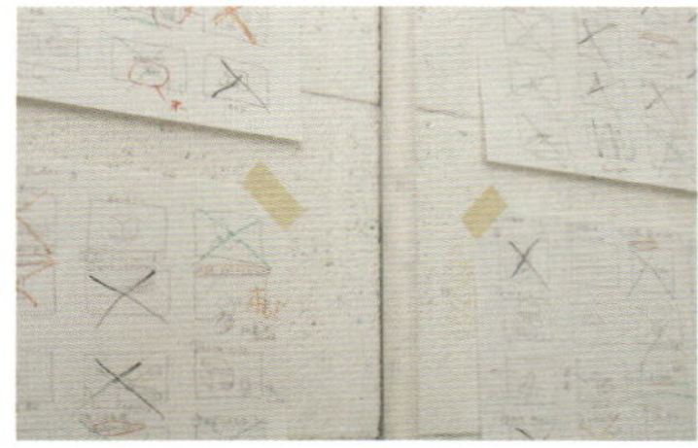
気軽に壁に貼ることができる

ITEM 227 スリーエム ジャパン

スコッチ ドラフティングテープ230

もともとは製図板に製図用紙を貼るときに使うためのテープ。特長はほどよい弱さの粘着力で、マスキングテープの半分ほどしかない。とはいえ、壁に模造紙を貼るなどの用途では、全く問題ない。企画やアイディアの候補を検討する際、このテープで壁に貼ると、全体が一望できて効果的。紙製なので、手で簡単に切れるし、壁を傷めず剥がせる。[¥900 〜、スリーエム ジャパン]

ITEM 228 銀座・伊東屋

オリジナル トレペメモ

図面などを転写するときに使う、半透明のコシのある紙、トレーシングペーパー（通称トレペ）。そのトレペをメモ帳にしたアイテム。使い方は、たとえばカタログなど書き込みできないものの上にドラフティングテープでトレペメモを貼ってその上から書いたり、企画書の上に貼って別案を書きこんで比較検討するといった具合にいろいろと使える。サイズはA6。［¥280、銀座・伊東屋］

読書のときのしおりにもなる。気になるフレーズがあったら、文章を透かしながら書いていける

22

ショップ
オリジナル文具で
個性を出す

文具は仕事を効率的にはかどらせてくれる機能的なツールである。それと同時に、最近では自己主張ツールという面でも注目されている。ミーティングや商談で手にする文具から、持ち主の人となりが見え隠れする。そうなると、他とはひと味違う文具を持ちたくなるものだ。そこで注目したいのが、ショップオリジナル文具。文具メーカーによるものとは違う個性的なものが揃っている。文具ショップのスタッフは、日頃から数々の文具を見ているプロ中のプロ。そのプロが自ら文具を作るというのだから、当然これまでにない何かを持っているものに仕上がっている。

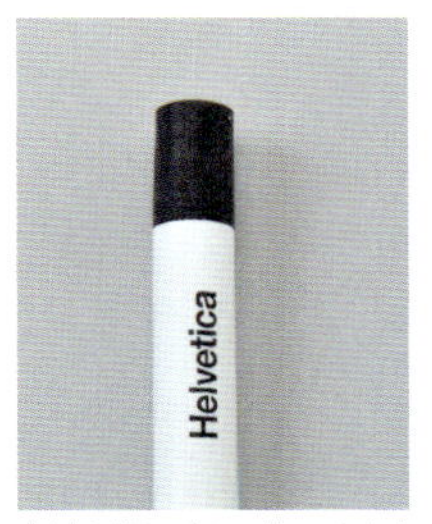

木軸と消しゴムの境には全く段差がない

書き心地、消し心地ともに抜群

**ボディと
一体になった
消しゴムが秀逸**

ITEM 229 銀座・伊東屋

ヘルベチカ イートンペンシル

伊東屋は独自のステーショナリーブランドを持つほど、数多くのオリジナル文具をラインナップしている。その中でも私のイチオシはこの鉛筆「ヘルベチカ イートンペンシル」で、何本も所有・愛用している。丸軸のボディには「ヘルベチカ」のロゴがあるだけのそぎ落とされたデザイン。そして特に気に入っているのが、消しゴムだ。一見すると消しゴムがついているようには見えない。というのも、よくある消しゴムを固定している金具が見当たらないからだ。木軸からそのまま消しゴムにつながっている。そして、これがとても消し心地が良い。消しゴム自体がしっかりと取り付けられていて、ゴシゴシと消してもびくともしない。もちろん、書き味も良い。[¥70、銀座・伊東屋]

ITEM 230 ナガサワ文具センター

Kobe INK物語

セーラー万年筆と共同開発した本格万年筆インク

明治15年創業という神戸の老舗文具専門店「ナガサワ文具センター」。こちらのオリジナルといえば、万年筆ファンから絶大な支持を受けているオリジナルの万年筆インク「Kobe INK 物語」だ。神戸の名所を色で物語るインクシリーズとなっている。たとえば「六甲グリーン」は、港町神戸の背後にそびえる六甲山の深い緑をモチーフにしている。私が愛用している「長田ブルー」は、力強い鉄を思わせるダーク系のブルーブラックなどなど。それぞれのネーミングと色がまさに調和している。[¥1800、ナガサワ文具センター]

定番では全 54 色のカラーバリエーションがある

自分色が見つかる

大切な
書類のために

ITEM 231 サブロ
36オリジナル革ファイル（A4）

吉祥寺のステーショナリーショップ「サブロ」によるオリジナル革ファイル。これはいわゆるクリアホルダーのレザー版と思ってもらえたらよい。ファイルらしさを出すために、使っている牛革は薄めに仕上げられている。初めはレザー本来のナチュラルカラーだが、使い込むほどにアメ色に変化していく。中身が透けて見えないので、重要書類を入れるのにも適している。［¥15000、サブロ］

消しゴムを
大人っぽく

ITEM 232 CRAFT A × ブンドキ.com
ツイスト消しゴム

芯ホルダーの品揃えでは他店を圧倒する文具ウェブショップ「ブンドキ .com」。そのオリジナル文具として私が注目したのは、消しゴムホルダー「ツイスト消しゴム」。トンボ鉛筆製のスティック状の消しゴム「MONO one（モノワン）」のリフィルがセットできるものだ。ボディをツイストすると、消しゴムが繰り出される。ボディには贅沢にもウッドを使っている。これは、「オリーブ」の素材。他にも、黒柿、黒檀、スネークウッドなどの軸もある。［¥3800 ～、ブンドキ .com］

ITEM 233 カキモリ

オーダーノート

東京・台東区の蔵前にショップを構える「カキモリ」。同店の売りは、60種類の表紙、30種類の中紙、5色のリング、そして4種類のサイズから自分の好きな組合せでノートが作れるというサービス。その場で作ってくれる。オーダーしてから20分ほどで出来上がってしまう。その日に持ち帰り、すぐに使えるのは嬉しい。私もオーダーしてみたが、これまで既製のノートを売り場で選んでいたときとは全く違う楽しさがある。私は、B5サイズ横型のノートを作った。表紙は布クロスの深緑、中紙には、薄口だが筆記具を選ばずに快適に書ける「トモエリバー」、すの目模様が美しい「フールス紙」を組み合わせてみた。1パック単位だったので、前半にトモエリバー（33枚）、中央にフールス紙（18枚）、最後に再びトモエリバー（33枚）という仕様に。こうしたことができるのもオーダーならではだ。ノートを使い終わったら、再び同店に持って行けば、表紙はそのままにリング綴じ代、中紙代のみで綴じ直してくれる。［¥800 ～、カキモリ］

私がオーダーしたB5サイズのノート（写真左）は、2400円ほどだった

その場で作ってくれるオリジナルノート

中紙の種類はドット、罫線、方眼などがある

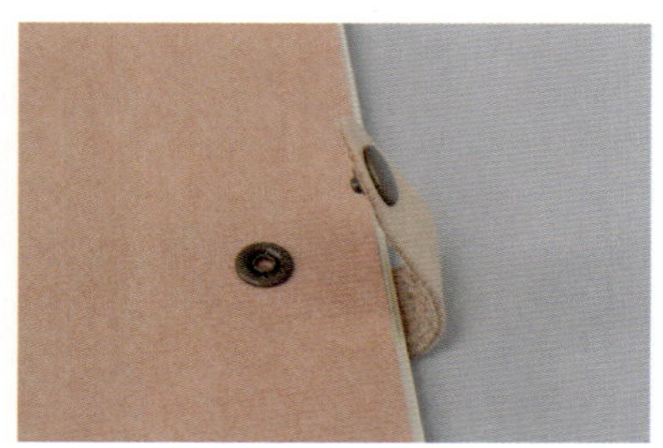

表紙の留め具もオプションで付けられる

MADE IN JAPANな
上質手帳

ブラック、麻、ボルドーの３タイプの表紙から選べる

ITEM 234 アサヒヤ紙文具店
クイールノート

私は、アサヒヤ紙文具店の「クイールノート」を海外取材時の手帳としてよく愛用している。サイズがA6と少し大きめなので、たっぷりと書き込むことができるし、A4の書類を貼るときもA6サイズに縮小コピーすれば大丈夫。本文紙には老舗原稿用紙メーカーの満寿屋製のクリーム紙を使用。どんな筆記具でも書きやすいが、とりわけ万年筆との相性が良い。［¥3200、アサヒヤ紙文具店］

紙面は落ち着いたダークグリーンの5mm方眼

ガッチリとしたハードカバーは手に持ったまま書いても安定感がある

味わい深い
大人の
鉛筆補助軸

補助軸に鉛筆をセットしたときの段差があまりないので、書き心地が良い

ITEM 235 五十音

補助軸 エクステリバー

ボールペンと鉛筆の専門店として銀座に店を構えている「五十音」。数あるオリジナル文具の中でセレクトしたのは、大人のための鉛筆ツール。鉛筆が短くなったときに使う補助軸には、短くなり、使い込んだ鉛筆にもしっくりくるよう、味わい深いビンテージ加工が施されている。ビンテージ補助軸と革ケースの相性も抜群だ。[¥857、五十音]

補助軸にタブレットで使えるデジタルタッチペンをセットしたものもある

本書は、東洋経済新報社刊行のビジネストレーニング誌『Think！』での
連載「プロフェッショナルのための文具術」（2008年春号〜2015年冬号）の
原稿をベースに、大幅に加筆修正したものです。

本書で紹介しているアイテムは、2016年3月現在の情報に基づいております。
今後、各メーカー・企業の都合により、変更や品切れなどの場合もあります。

各アイテムで表示されている価格は、いずれも税抜きです。

ポスト・イット（Post-it）、スコッチ（Scotch）は、3M社の登録商標です。

その他本書に掲載されているブランド名や製品名などは、
各メーカー・企業の国内および各国における商標または登録商標です。

店舗写真は、Angers bureau Kitte 丸の内店にて撮影。

【著者紹介】
土橋　正（つちはし　ただし）
ステーショナリーディレクター、文具コンサルタント。
文具の展示会ISOT事務局を経て、土橋正事務所を設立。商品企画や商品PRのコンサルティング、文具売り場のプロデュース、商品セレクト、ディレクションなどを行っている。また、文具ウェブマガジン「pen-info」の発行をはじめ、雑誌・新聞への寄稿多数。これまでに書いてきた文具コラムの数は948本にのぼる。日本経済新聞の新製品評価委員、生活総合情報サイト「All About」のステーショナリーガイドも務める。
著書に『文具の流儀』『文具上手』『仕事にすぐ効く魔法の文房具』（いずれも東京書籍）、『やっぱり欲しい文房具』（技術評論社）、『モノが少ないと快適に働ける』（東洋経済新報社）、『ステーショナリーハック！』（共著、マガジンハウス）、『文房具のやすみじかん』（共著、福音館書店）がある。

仕事文具

2016年4月21日発行

著　者――土橋　正
発行者――山縣裕一郎
発行所――東洋経済新報社
〒103-8345　東京都中央区日本橋本石町 1-2-1
電話＝東洋経済コールセンター　03(5605)7021
http://toyokeizai.net/

ブックデザイン・DTP……小林祐司
写真……………………今井康一・梅谷秀司・尾形文繁・吉野純治
印刷・製本………………図書印刷
編集担当…………………佐藤　敬

Printed in Japan　ISBN 978-4-492-04588-6